Forschung für die Praxis • Band 13

Berichte aus dem
Forschungsinstitut für Rationalisierung (FIR)
und dem Lehrstuhl und Institut
für Arbeitswissenschaft (IAW)
der Rheinisch-Westfälischen
Technischen Hochschule Aachen

Herausgeber: Prof. Dr.-Ing. R. Hackstein

R. Junker

Einführung von Informations- und Kommunikationstechnologie

Mit 26 Abbildungen und 42 Tabellen

Springer-Verlag
Berlin Heidelberg New York
London Paris Tokyo 1988

Dipl.-Ing. Robert Junker
Lehrstuhl und Institut für Arbeitswissenschaft
der Rheinisch-Westfälischen Technischen Hochschule Aachen

Prof. Dr.-Ing. Rolf Hackstein
Inhaber des Lehrstuhls und Direktor des Instituts für Arbeitswissenschaft, Direktor des Forschungsinstituts für Rationalisierung an der Rheinisch-Westfälischen Technischen Hochschule Aachen

D 82 (Diss. TH Aachen)
Gestaltungsaspekte für Informations- und Kommunikationstechnologie im Investitionsgüter produzierenden Gewerbe - dargestellt am Beispiel der Anfragen- und Auftragsabwicklung

ISBN-13: 978-3-540-18845-2 e-ISBN-13: 978-3-642-83356-4
DOI: 10.1007/ 978-3-642-83356-4

Softcover reprint of the hardcover 1st edition 1988

Gesamtherstellung:
Becker-Kuns · Druck + Verlag GmbH · Thomashofstr. 58 · 5100 Aachen · Tel. 02 41 / 15 37 67
2160 / 3020 - 543210

Vorwort des Herausgebers

Die Mechanisierung und Automatisierung der industriellen Produktion hat in den vergangenen Jahren weiter ständig zugenommen. Begriffe wie "Flexible Fertigungssysteme", "Robotereinsatz" oder "CNC-Maschinen" sind einige Deskriptoren dieser Entwicklung. Mit steigender Komplexität der eingesetzten Anlagen, Maschinen und Verfahren erhöhen sich auch die Anforderungen an die Organisation des Zusammenwirkens von Mensch, Betriebsmittel und Material. Die Beherrschung und Verbesserung dieser Ablauforganisation wird mehr und mehr zum entscheidenden Faktor für einen erfolgreichen Einsatz moderner Produktionstechnologien.

Die Ablauforganisation in der Fabrik der Zukunft wird vom Einsatz der Informationstechnik geprägt sein, also der Technik von der Verarbeitung, Speicherung und Übertragung von Informationen. Die Informationstechnik basiert zunehmend auf dem Einsatz der elektronischen Datenverarbeitung (EDV).

Einen der Anwendungsschwerpunkte der Informationstechnik in der Ablauforganisation von Produktionsbetrieben bildet der Einsatz von Informationssystemen für die Planung und Steuerung von Produktionsabläufen einschließlich des Transports und der Lagerung. Der Erfolg solcher Informationssysteme ist in besonderem Maße davon abhängig, wie gut es gelingt, bei der Entwicklung und beim Einsatz der Systeme gleichermaßen sowohl die technisch-organisatorischen als auch die humanen (arbeitswissenschaftlichen) Aspekte zu berücksichtigen.

Gelingt es in der Bundesrepublik Deutschland nicht, die Informationstechnik in der Industrie auf breiter Front erfolgreich zur Anwendung zu bringen, dann ist - vor allem im produzierenden Gewerbe, das dem internationalen Wettbewerbsdruck in besonderem Maße unterliegt - nach einer von Prognos im Auftrag des BMFT durchgeführten Studie bis 1990 mit einem Verlust von rund 500.000 Arbeitsplätzen zu rechnen. Im Falle positiver Bewältigung dagegen wird eine Zunahme von rund 100.000 Arbeitsplätzen erwartet.

Während sich die technologische Entwicklung auf dem Hardware-Sektor äußerst rasant vollzieht, ist zu beobachten, daß zwischen der durch die Hardware gebotenen Möglichkeiten und der durch entsprechende Methoden und Programme (Software) realisierten Anwendungen eine immer größere Lücke entsteht, die als "Software-Lücke" bezeichnet wird.

Erfolge beim betrieblichen Einsatz können weiterhin aber auch nur dann erreicht werden, wenn der Mensch die o.g. Informationssysteme akzeptiert. Das aber gelingt nur, wenn der Mensch die sich ergebenden Veränderungen der Arbeitsanforderungen, Arbeitsaufgaben und Arbeitsplatzbedingungen positiv bewältigen kann. Da bisher zu wenig Beweglichkeit, Einfallsreichtum und Flexiblität bei der Entwicklung neuer Bedingungen für die Gestaltung der Arbeitszeit, des Arbeitsplatzes, des Arbeitskräfteeinsatzes, der Arbeitsorganisation u.ä. festzustellen ist, zeigt sich hier eine zweite, immer größer werdende Lücke, die vielfach als "Akzeptanz-Lücke" bezeichnet wird und die in ihren negativen Auswirkungen der "Software-Lücke" sicherlich nicht nachsteht.

Die Arbeiten der beiden vom Herausgeber geleiteten Institute, des Forschungsinstituts für Rationalisierung (FIR) in Aachen und des Lehrstuhls und Instituts für Arbeitswissenschaft der RWTH Aachen (IAW), sind daher darauf gerichtet, Beiträge zur Schließung der aufgezeigten Lücken zu leisten. Zur Umsetzung gewonnener Erkenntnisse wird die Schriftenreihe "FIR-Forschung für die Praxis" herausgegeben. Der vorliegende Band setzt diese Reihe fort. Die bisher erschienenen Titel sind am Schluß dieses Bandes aufgeführt.

Dem Verfasser danke ich für die geleistete Arbeit, dem Verlag für die Aufnahme dieser Schriftenreihe in sein Programm und allen anderen Beteiligten für ihren Beitrag zum Gelingen des Bandes.

Rolf Hackstein

Inhaltsverzeichnis

Seite

1. Einleitung und Zielsetzung

Für Unternehmen der produzierenden Industrie ist die Behauptung am Markt von existentieller Bedeutung. Dies erfordert heute in zunehmendem Maße eine hohe Reaktions- und Anpassungsfähigkeit an veränderte Bedingungen. Eine dafür wichtige Voraussetzung ist die Kommunikation des Unternehmens mit der Umwelt und innerhalb des Unternehmens zwischen den Managementstellen der technisch-organisatorischen Betriebsbereiche (vgl. HACKSTEIN 1985, S.11; AWF 1985, S.2). Das Verknüpfungsgeflecht zwischen diesen Bereichen (gem. Abbildung 1-1) deutet auf das überwältigende Maß an Informationen hin, welches zwischen den Kommunikationspartnern ausgetauscht wird. Aus Mangel an Auswertemöglichkeit kann die Produktivität

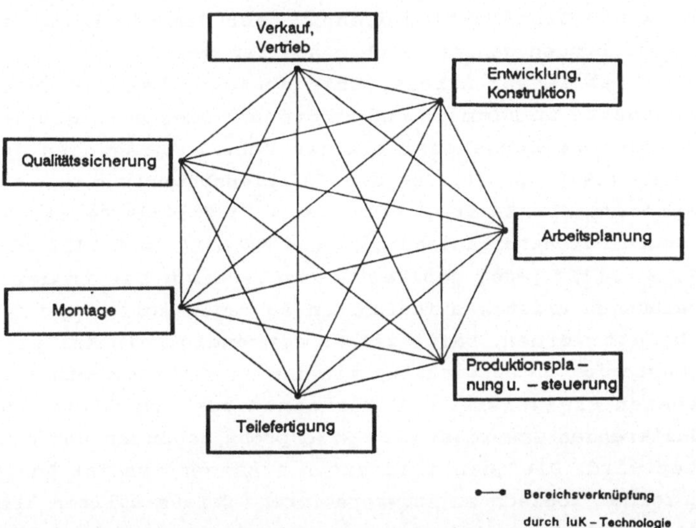

Abb. 1-1: Verküpfungsgeflecht der technisch-organisatorischen Betriebsbereiche

beeinträchtigt werden. Ein Ausweg aus dieser Lage wird heute generell in dem Einsatz von Informations- und Kommunikationstechnologie (IuK-Technologie) gesehen. Bei dem Versuch, komplexe IuK-Technologie in gleicher Art und Weise wie Fertigungstechnologie zu implementieren, zeigt sich, daß die singuläre Betrachtungsweise von Mensch, Technik und Organisation unzureichend ist und erhebliche Akzeptanzprobleme auslöst (vgl. PICOT/REICHWALD 1985a, S.43). In den Kommunikationsbeziehungen der Mitarbeiter spielen die Veränderungen der sozialen Bedingungen eine besondere Rolle (vgl. REHN 1979, S. 28). Den daraus resultierenden Einflüßen stehen die Unternehmensleitungen unvorbereitet gegenüber. Denn es fehlen Erfahrungen und Modellvorstellungen für eine humanwissenschaftlich angemessene Auslegung der IuK-Technologie. Als Orientierung für das Vorgehen bei einer Implementierung kann ein systemtheoretischer Ansatz mit den Komponenten Mensch, Technik und Organisation dienen, nach dem die Kommunikationsbeziehungen ganzheitlich gestaltet werden.
Es ist Ziel dieser Arbeit, Erkenntnisse über IuK-Gestaltungsaspekte zu sammeln und zu ordnen. Dies soll mit Hilfe einer Beschreibungsheuristik geschehen. Anregungen geben FESSMANN (1978, S. 10) für die Effizienzbewertung von Organisationen, KIESER et al.(1983, S. 48f) für die Beurteilung von Schreibdienstorganisationen und SEIDEL(in EULITZ et al. 1982, S. 213ff.) für den Fertigungsbereich. Die in der Beschreibungsheuristik aufgeführten Aussagen sollen quantitativ belegt werden. Dafür ist es notwendig, ein Analyseinstrumentarium zu entwickeln, mit dessen Hilfe aus einem vorgegebenen Ereignisraum (Unternehmen des Investitionsgüter produzierenden Gewerbes) eine Stichprobe genommen und ausgewertet wird. Die quantifizierten Aussagen aus der Analyse sind formal logisch zu interpretieren. Daraus sollten allgemein gültige Gestaltungshinweise abgeleitet werden, die in einer Handlungsanleitung zusammen zu fassen sind. Zu den Unternehmen des Investitionsgüter produzierenden Gewerbes gehören ca. 40% der Wirtschaftseinheiten des Verarbeitenden Gewerbes (STATISTISCHES BUNDESAMT 1985, S.178). In den untersuchten Unternehmen wird vorwiegend nach Kundenwünschen auftragsorientiert gefertigt. Die Untersuchung richtete sich

auf mittlere und kleinere Unternehmen in der Annahme der noch wenig entwickelten IuK-Technologie, die aber in absehbarer Zeit eingeführt werden soll. Untersuchungsgegenstand ist das Kommunikationsverhalten zur Anfragen- und Auftragsabwicklung.

2. Begriffsdefinitionen

Die Leistungserstellung eines Unternehmens vollzieht sich in der Wechselwirkung mit der Umgebung. Die diesbezüglichen Zielvorstellungen hinsichtlich Produktionsprogramm und Fertigungsbedingungen werden durch Situationsveränderungen im Bereich der Politik (z. B. Gesetze, Handelsabkommen) beeinflußt. Die Geschäftsbranche, zu der ein Unternehmen gehört, bildet einen Teilbereich der Gesamtgesellschaft. Sie wird durch Konzernbindungen, Konkurrenz und Kundenwünsche in ihren Aktivitäten geprägt. Eine Komponente der Geschäftsbranche stellt das einzelne Unternehmen dar. Seine Betriebsbereiche können über ein IuK-System intern und extern kommunizieren. Das IuK-System ist ein betriebliches Steuerungshilfsmittel, das dazu beiträgt, ein Produkt zu konzipieren, zu realisieren und auszuliefern. Mit Information soll das zweckgerichtete Wissen bezeichnet werden, das benötigt wird um ein bestimmtes Handlungsziel zu erreichen. Die Information ist ein potentielles Abbild von Gegenständen (vgl. SPIELER 1984, S.65; siehe auch SCHULZE 1969, S. 344). Sie kann akustisch in Form von Sprache oder grafisch in Form von Text, Bild oder Daten gefaßt sein. Sie ist damit räumlich-zeitlich existent und übertragbar.

Kommunikation ist ein vom Menschen abhängiger Umgang mit der Information in den diversen Verwendungsformen: Entwurf, Gestaltung, Erstellung, Vervielfältigung, Archivierung, Übermittlung. Demgemäß lassen sich informationstechnisch Vorgänge (vgl. INTERNATIONAL RESOURCE DEVELOPMENT, zitiert in KARCHER 1984, S. 4) klassifizieren in

- Informationsgewinnung / Informationsempfang,
- Informationsbearbeitung / Informationsverarbeitung,
- Informationsspeicherung / Informationsablage,
- Informationsweiterleitung.

Wesentliches Charakteristikum ist, daß mit den technischen Hilfsmitteln bei der Übermittlung von Informationen räumliche Entfernungen überbrückt werden. Die Übermittlung kann zwischen Menschen, zwischen Mensch und Sachmittel und zwischen Sachmitteln stattfinden (vgl. SCHMIDT 1983, S. 182).
Kommunikation ist an bestimmte Kommunikationsmittel gebunden. Die verbale Kommunikation (Abbildung 2-1) kann visuell schriftlich erfolgen (vgl. PICOT / REICHWALD 1983, S. 39). Dann stehen als Kommunikationsmedium elektronische Post und Schriftstücke in Papierform, Teletex, Telex und Fernkopie zur Verfügung. Zum anderen gibt es die verbal akustische Kommunikation. Sie kann über Telefon oder im direkten persönlichen Gespräch erfolgen. Die nonverbale Kommunikation erfolgt akustisch (z.B. durch Silbenbetonung in der deutschen Sprache), visuell gestisch und visuell mimisch. Dies geschieht jeweils von Angesicht zu Angesicht bzw. durch Telefon bei der akustischen Übertragung mit eingeschränktem Stimmfrequenzbereich. Technische Kommunikationsmittel werden noch für die nonverbale visuelle graphische Kommunikation eingesetzt. Sie treten in den Formen electronic mail und Fernkopie auf.
In dieser Arbeit werden vor allem die Kommunikationsformen behandelt, die sich technischer Unterstützung bedienen.
Neben der angesprochenen technischen Ausstattung setzt sich das IuK-System noch aus den Komponenten Mensch und Organisation zusammen . Die Beschreibungsmerkmale aller drei Komponenten sind im folgenden Kapitel Gegenstand der Abhandlung.

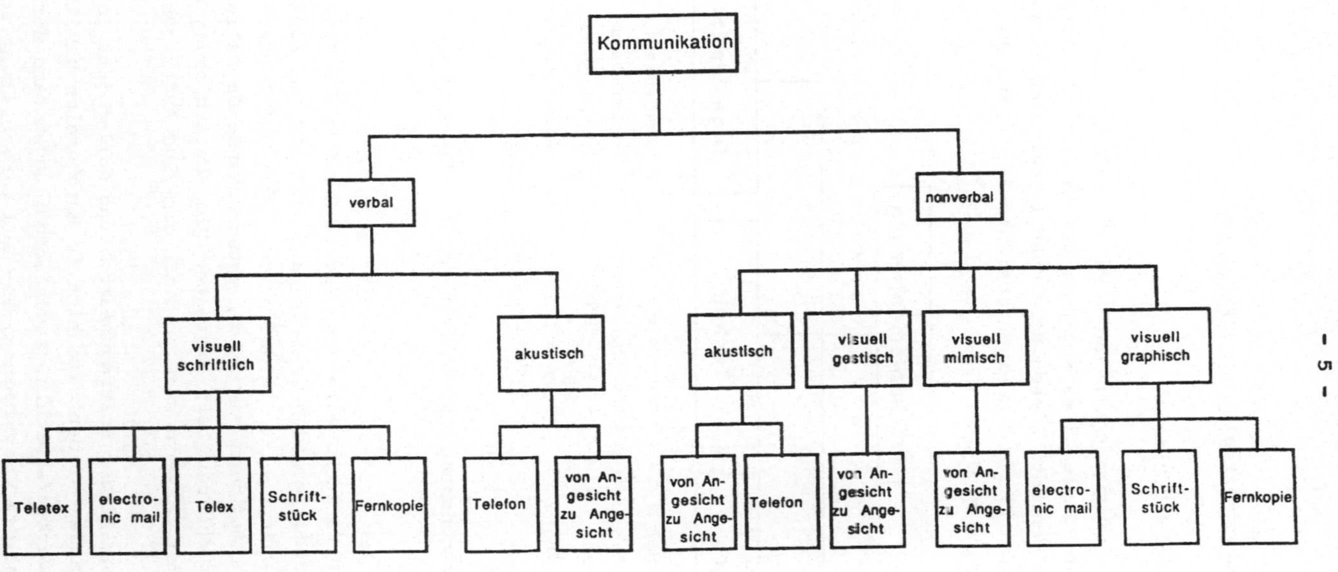

Abb. 2-1: Medien der Kommunikation

3. Beschreibungsmerkmale für IuK-Systeme

3.1 Beschreibungsheuristik

In dem Untersuchungsgegenstand wird die Implementierung von IuK-Systemen von den drei Komponenten Mensch, Technik und Organisation geprägt. Diesen Bereichen lassen sich Indikatoren zuordnen, die für Aussagen über die Effizienz der IuK-Implementierung geeignet sind (Abbildung 3-1).

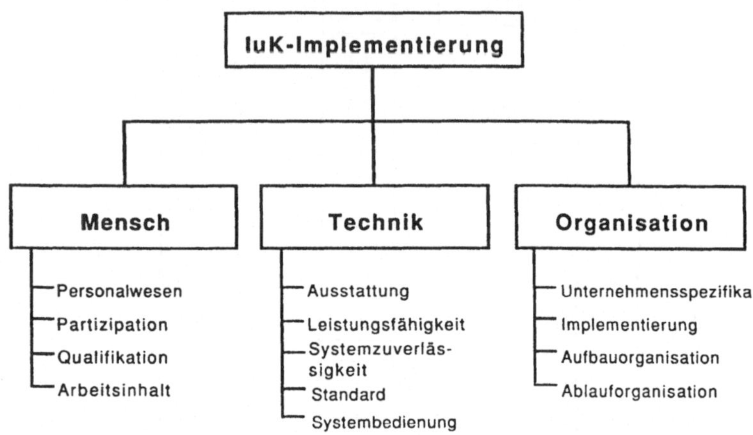

Abb. 3-1: Komponenten und Indikatoren des IuK-Systems

Die Auswahl der Indikatoren richtet sich nach der Beschaffenheit des Untersuchungsfeldes, das im Bereich des Investitionsgüter produzierenden Gewerbes auf mittlere und kleinere Unternehmen bezogen ist, in denen noch keine IuK-Technologie größeren Ausmaßes vermutet wird, entsprechende Umstellungen jedoch in absehbarer Zeit anstehen. Die Untersuchung gilt dem Kommunikationsverhalten zur Anfragen- und Auftragsbearbeitung .

Unter dem Begriff der Auftragsbearbeitung sollen jene Tätigkeiten verstanden werden, die sich im Bürobereich unmittelbar an den Verkaufsabschluß anschließen. Gegenstand der Tätigkeiten ist die Übertragung, Be- und Verarbeitung sowie

Bereitstellung von Informationen zum Zwecke der Vorbereitung der Produktion und der Lieferung der bestellten Erzeugnisse. Wird vor der Bestellung des Kunden ein Angebot abgegeben, so ist auch die Bearbeitung des Angebotes Bestandteil der Auftragsbearbeitung. (vgl. GUTENBERG 1976, S. 98). Nicht zur Auftragsbearbeitung im Sinne GUTENBERGs gehören dagegen die Aufgaben der direkten Bereiche (z.B. Konstruktion, Arbeitsplanung, Beschaffung) und der begleitenden direkten Bereiche (z.B. Transport) (vgl. BRESSER 1985, S. 3).

Diese Kennzeichen bilden die Orientierungsbasis für den Entwurf einer Beschreibungsheuristik. Abbildung 3-1 zeigt dazu eine Gliederung der Komponenten Mensch-Technik-Organisation mit den zugehörigen untersuchungsrelevanten Oberbegriffen für Indikatoren.

3.2 Mensch

Bei der Implementierung neuer IuK-Technologie werden alle Bereiche des Personalwesens berührt. Nach HACKSTEIN et al. (1971, S. 34) lassen sich dabei unterscheiden:

-Personalbedarfsermittlung,
-Personalbeschaffung,
-Personalentwicklung,
-Personaleinsatz,
-Personalerhaltung und
-Personalfreisetzung.

Im Rahmen der Personalbedarfsermittlung muß z.B. geprüft werden, ob die Leistungsfähigkeit der neuen Technologie Rationalisierungsmöglichkeiten für das Absetzen von Teletexmeldungen eröffnet. Bisher hat ein Sachbearbeiter eine Meldung entworfen, eine andere Person hat sie mit Schreibmaschine abgeschrieben und sie wurde von einer dritten Person noch einmal in ein Teletexgerät eingegeben. Zukünftig ist es möglich, daß der Sachbearbeiter den Text auf dem Arbeitsplatzcomputer entwirft, korrigiert und sofort als Teletex abschickt, ohne eine weitere Umwandlung auf einem anderen Medium vornehmen zu müssen. Somit ist es eine Gestaltungsaufgabe, den zukünftigen Personalbedarf, eventuell Freistellungsbedarf, zu ermitteln. Zur Personalbeschaffung zählt dem Beispiel folgend die Auswahl der geeigneten Mitarbeiter, die den neuen Sachbearbeitertätigkeiten gerecht werden (vgl. JUNKER/STAUß 1985). Sind Mitarbeiter im Unternehmen vorhanden, die bisher andere Tätigkeiten ausführten, so soll die Personalentwicklung helfen, die Mitarbeiter entsprechend weiter zu qualifizieren. Veränderungen der Arbeitsinhalte durch Technisierung ergeben sich in folgenden Bereichen (vgl. DAMIAN 1983, S. 52):

- Wegfall von Arbeitsaufgaben durch Substitution von menschlicher Arbeit durch maschinelle Arbeit,

- Modifizierung von bisherigen Arbeitsaufgaben,

- Hinzutreten von neuen Arbeitsaufgaben

Ob diese Veränderungen gesamtgesellschaftlich eher positiv oder negativ ausfallen, wird unterschiedlich beurteilt. Es lassen sich vier Thesen der Qualifizierungsentwicklung vor dem Hintergrund des Einsatzes neuer Technologien ableiten:

- Dequalifizierung: Es werden vor allem solche Arbeitsplätze geschaffen, die geringe berufliche Kenntnisse verlangen. Dies geht einher mit zunehmender Standardisierung und Formalisierung computergerechter Arbeitsabläufe. Erworbene berufliche Qualifikationen werden dabei z.T. überflüssig, so daß die von der technischen Veränderung betroffenen Arbeitnehmer eine berufliche Dequalifizierung erfahren.

- Polarisierung: Ein Teil der Arbeitsplätze erfordert fortlaufend höhere Qualifikationen (z.B. Systemprogrammierer), ein anderer Teil wird vornehmlich mit repetitiven, monotonen Tätigkeiten betraut.

- Höherqualifizierung: Der Einsatz leistungsfähiger Datenverarbeitungs- und Kommunikationstechnologie führt zu einer Verkürzung der Zeit für Informationsbeschaffung und -bearbeitung. Dies ermöglicht mehr Spielräume für dispositive und kundenorientierte Tätigkeiten.

- Andersqualifizierung: Durch die technische Entwicklung werden zwar einerseits Arbeitsplatzanforderungen wegfallen, die Beschäftigten aber andererseits mit neuen Anforderungen auf etwa gleicher Qualifikationsstufe konfrontiert (vgl. HAUFF 1980).

Es liegt u.a. an der Personalentwicklungsplanung der Unternehmen, welche Qualifizierungsthese realisiert wird. Beim Personaleinsatz kommt den Vorgesetzten die Aufgabe zu, möglichst die Stärken und Schwächen der Mitarbeiter zu erkennen und durch Wahl eines entsprechenden Führungsstils die Unternehmung zum Erfolg zu führen (vgl. JUNKER 1986). In den letzten Jahren machten viele Unternehmen bei der Einführung neuer Technologien positive Erfahrungen mit der Ausschöpfung von Mitarbeiterpotentialen mit Hilfe von Qualitätszirkel- und anderen Gruppenaktivitäten . Dadurch kam es zur Realisierung von institutionalisierten Formen dieser Organisationsentwicklungsmaßnahmen.
In einem Pilotvorhaben konnte vom Lehrstuhl und Institut für Arbeitswissenschaft der RWTH Aachen (IAW) im Zusammenwirken mit den Mitarbeitern eines Unternehmens der Stahlindustrie eine Partizipationsform zur Systemgestaltung entwickelt und erprobt werden (vgl. JUNKER et al. 1985). Sie besitzt den in Abbildung 3-2 dargestellten Aufbau.
Die Unternehmensleitung gibt die strategischen Ziele im Rahmen des Implementierungsvorhaben vor (betroffene Abteilungen, Zeithorizont, gewünschte Anbindung zu Externen usw.). Die endgültige Entscheidung über die Realisation eines Konzeptes bleibt ihr vorbehalten.
Der Projektbegleitende Ausschuß unterstützt den Projektleiter bei der Abwicklung des Vorhabens. Er setzt sich aus den Mitgliedern der Fachabteilungen (Personalwesen, EDV, Organisation) und externen Beratern zusammen.

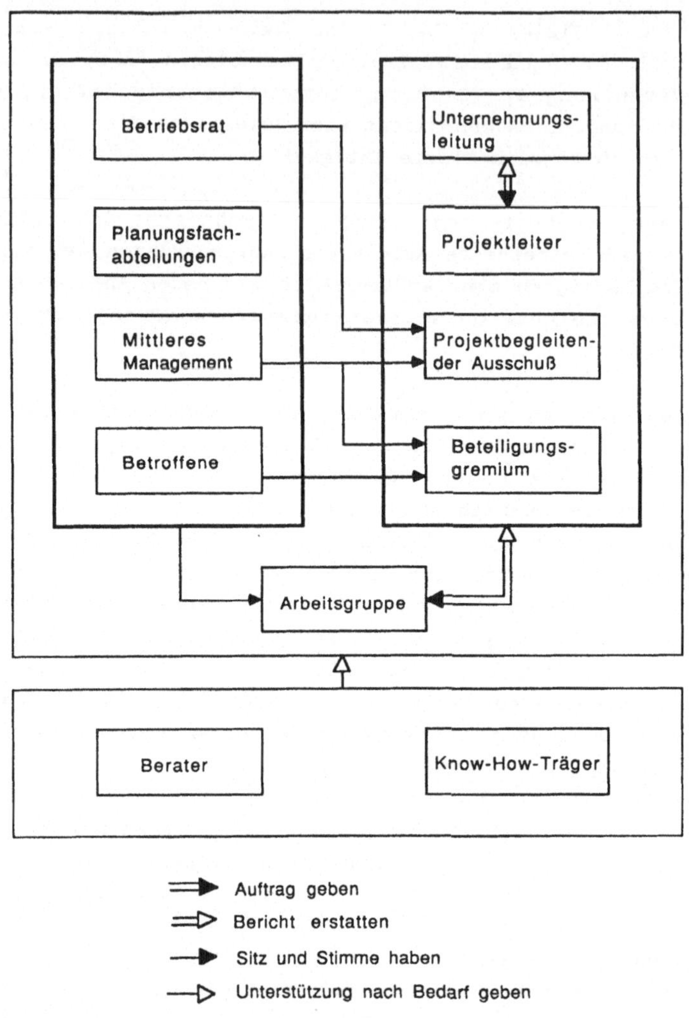

Abb. 3-2: Partizipationsmodell nach IAW

Das Beteiligungsgremium setzt sich aus Vertretern der Betroffenen (von diesen gewählt), Vertretern der Vorgesetzten (von diesen gewählt) und dem Projektleiter zusammen. Nach Bedarf werden Mitglieder aus anderen Personengruppen hinzugezogen.
Das Beteiligungsgremium erhält seine Aufträge vom Projektbegleitenden Ausschuß und liefert Bericht an diesen. Hauptaufgabe ist die Erarbeitung und Koordination der Erprobung von sozio-technischen Konzepten. Teilarbeiten werden an dafür zu bildende Arbeitsgruppen delegiert. Die Arbeitsgruppen setzen sich je nach Aufgabenpaket aus den am Projekt beteiligten Personen und anderen Fachspezialisten zusammen. Sie erarbeiten detaillierte Losungsvorschläge zur Realisierung einzelner, vom Beteiligungsgremium aufgestellter Arbeitspakete.
Der Betriebsrat sorgt für Wahrung der Interessen der Gesamtbelegschaft. Er ist von Anfang an in die Steuerung des Vorhabens mit einzubeziehen.
Das Partizipationsmodell wird getragen durch häufiges Arbeiten in Gruppen. Hierzu bieten sich methodisch insbesondere visualisierende Techniken (Metaplanmethode, Moderationsmethode u.ä.) an. Ziel sollte es dabei sein, die Mitarbeiter des Unternehmens in solchen Techniken zu schulen und z.B. zum Moderator auszubilden. Eine mögliche Vorgehensweise zur Einführung solcher Maßnahmen wird von HEEG (1986) aufgezeigt.
Die Aufgaben der Personalerhaltung liegen darin, beim Einsatz der IuK-Technologie für eine Aufrechterhaltung der menschlichen Dauerleistungsfähigkeit und, mit den zur Verfügung stehenden Mitteln, für die Motivation zur Leistungsbereitschaft zu sorgen.
Eine Gestaltungsmöglichkeit der Personalerhaltung liegt in der Strukturierung der Arbeitsinhalte. Unter dem Aspekt, verschiedene Arbeitsinhalte zu verändern, kann es grundsätzlich folgende Methoden geben (vgl. ZIMMERMANN 1982, S. 66):

- systematischer Arbeitsplatzwechsel (Job rotation), indem mehrere Beschäftigte sich bei der Ausführung verschiedener zusammenhängender Tätigkeiten abwechseln,

- Arbeitserweiterung (Job enlargement) mit vergrößertem Umfang der Arbeitsinhalte, indem mehrere verschiedenartige Arbeitsaufgaben von einer Person wahrgenommen werden,

- Arbeitsbereicherung (Job enrichment) mit Veränderung der Art der Arbeitsinhalte, indem größere Qualifikationsanforderungen und Dispositionsspielräume individuell vergeben werden,

- Arbeitsgruppen mit erweitertem Handlungs- und Entscheidungsspielraum bei Übertragung einer komplexen Arbeitsaufgabe.

3.3 Technik

Die IuK-Technologie in den Betrieben umfaßt neben der Nachrichtentechnik die Komponenten der Textverarbeitungstechnik, Integrationstechnik und Datentechnik (Abbildung 3-3). In diesen Bereichen hat sich bisher die technologische Entwicklung weitgehend getrennt vollzogen. Daher finden sich heute an den Arbeitsplätzen Geräte der unterschiedlichen Entwicklungsstufen, wie z.B. elektronische Schreibmaschinen, elektrische Schreibmaschinen mit Korrekturtaste, elektrische Schreibmaschinen mit Speicher und Textsysteme unterschiedlicher Konfiguration (vgl. GRÜNWALD/KOCH 1981 zitiert in PICOT/REICHWALD 1983a, S.39). Es ist nicht möglich, Texte zwischen diesen Geräten automatisch auszutauschen. Daneben gibt es die Geräte der Nachrichtentechnik, die zur verbal-akustischen (Telefon) oder zur verbal-schriftlichen Kommuni-$kation (Bildschirmtext, Fernkopierer, Telexgerät, Teletexgerät) dienen. Auch bei diesen Komponenten ist es nur zum Teil möglich, Informationen auf artfremde Geräte zu übertragen.
Unter dem Begriff Datentechnik werden Rechnersysteme unterschiedlichen Leistungsvermögens und diverser Einsatzzwecke zusammengefaßt. Der Anwender erhält als Betriebsmittel für die Arbeit mit der Datentechnik einen Terminal, bestehend aus Tastatur und Bildschirm, an seinem Arbeitsplatz. Da heutzutage selbst im Bereich der Datentechnik die Anwen-

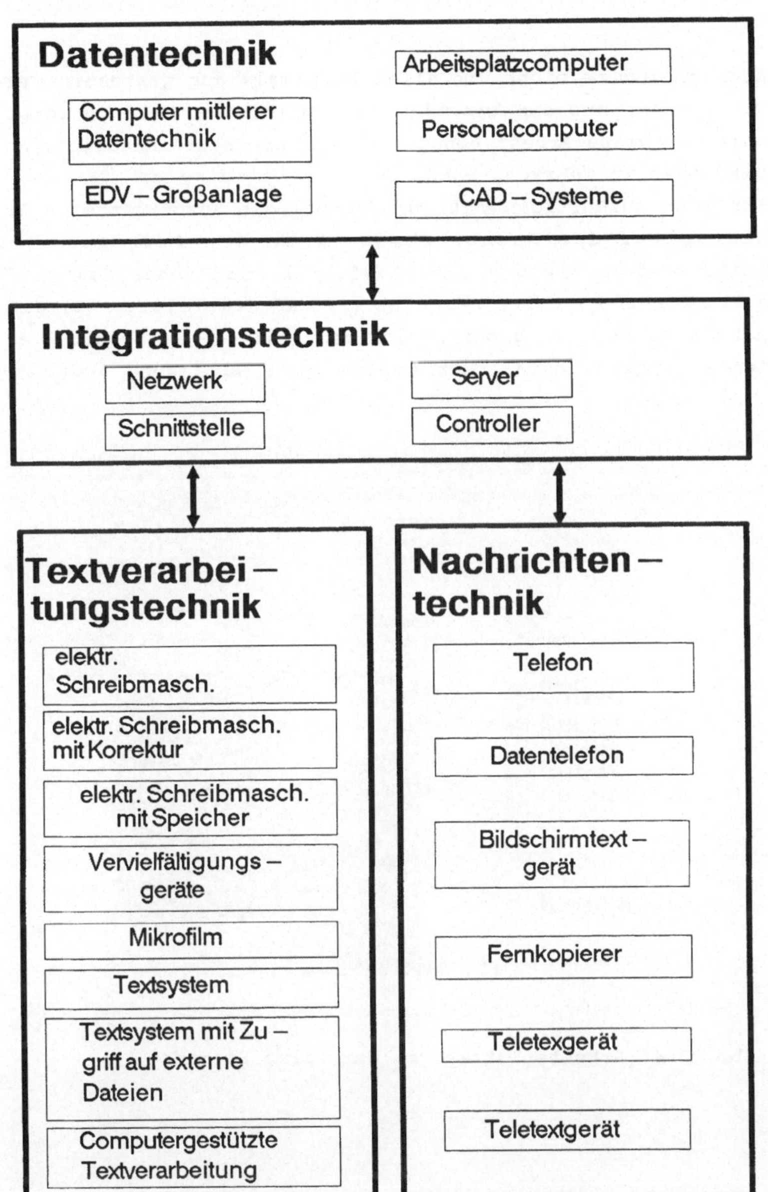

Abb. 3-3: Technik-Komponenten des IuK-Systems

dungsprogramme nicht von allen Terminals aus gesteuert werden können, muß ein Anwender unter Umständen mehrere Terminals für seine Arbeit benutzen, wenn er unterschiedliche Anwendungen in Gebrauch hat.
Für den zukünftigen mit IuK-Technologie ausgestatteten Arbeitsplatz des Sachbearbeiters in der Anfragen- und Auftragsabwicklung zeichnet sich ab, daß neben dem Bildschirmgerät (1), der Tastatur (2) und dem Telefon (3) eine mehr oder weniger große Speichereinheit (4) am Arbeitsplatz des Anwenders installiert werden wird (Abbildung 3-4). Da-

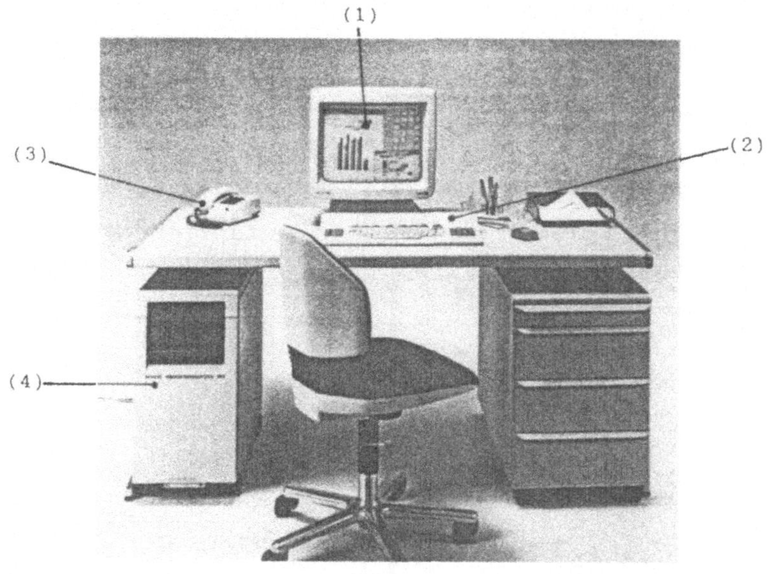

Abb. 3-4: Arbeitsplatzsystem der Firma Siemens

rauf werden die benötigten Daten zwischengespeichert, verarbeitet und spezielle Anwendungsprogramme implementiert.
Die vier Bereiche der IuK-Technologie haben jeweils bestimmte Haupteinsatzgebiete. Die Stärken der Datentechnik liegen in der Verarbeitung von Massendaten bei großem Speicherbedarf und kurzen Prozeßzeiten für die Verarbeitungsprozeduren. Die Textverarbeitungstechnik eignet sich besonders für häufig wiederkehrende Texte an unterschiedliche Adressaten (z.B. Angebotstexte an einzelne Kunden) mit minimalen Änderungen.
Die Nachrichtentechnik zeichnet sich durch den Austausch von wenig strukturierten Informationen aus, die durch öffentliche Netze und Dienste der Bundespost übertragen werden.
Auf dem Weg zum "Computer Integrated Manufacturing (CIM)" gewinnt die Vernetzung der artfremden Endgeräte aus der Textverarbeitungstechnik, Nachrichtentechnik und Datentechnik eine maßgebliche Bedeutung, so daß eine Reihe von Komponenten der Integrationstechnik zum Einsatz kommen (vgl. DIETERLE 1985, S.9ff). Dies setzt ein eigenständiges technisches System voneinander unabhängiger Computer, Terminals und Arbeitsplatzsysteme voraus, um wahlfreie, bedarfsorientierte Verbindungen zum Zwecke der Kommunikation zu schaffen. Ein solches System wird als "local area network (LAN)" bezeichnet und ist zunächst auf den Bereich eines privaten Anwenders (z.B. eine Unternehmung) beschränkt (vgl. DIETERLE 1985, S. 29). Die LAN's sind in ihrer Ausdehnung begrenzt, d.h. der maximale Abstand zwischen den Endgeräten variiert ohne zusätzliche Verstärkerelemente von einigen 100 m bis zu wenigen Kilometern. Mit Hilfe von Gateways kann jedoch die Ankopplung von LAN's an andere Netze erfolgen.
Mit der Integration der vier Technologiebereiche soll neben der Verkürzung von Durchlaufzeiten auch eine verbesserte Systembedienung für den Anwender ermöglicht werden. Bisher ist es häufig der Fall, daß beim Zugriff auf unterschiedliche Anwendungsprogramme entweder verschiedene Geräte eingesetzt werden müssen oder dem Benutzer umständliche Log-on-Prozeduren zugemutet werden, wenn er von einer Anwendung in eine zweite gelangen will. Mit dem Einsatz eines leistungs-

fähigen Multifunktionsterminals sind integrierte Anwendungen möglich, ohne den Benutzer mit zeitraubenden Medienbrüchen zu konfrontieren.

Ein weiteres Beschreibungsmerkmal der Technik ist die Leistungsfähigkeit des Gesamtsystems. Die IuK-Systeme besitzen ihre besonderen Vor- und Nachteile. Je höher der Funktionsumfang ist, desto komplizierter wird die Bedienung und die Fehlerwahrscheinlichkeit. Deshalb muß bei der Festlegung der gewünschten Systemfunktionen in erster Linie von den eigenen Anforderungen ausgegangen werden und erst in zweiter Linie Wert darauf gelegt werden, was der Hersteller sonst noch anbietet, aber im Augenblick nicht notwendig ist. Die Systemverläßlichkeit ist eines der wichtigsten Anforderungskriterien an die Technologie. Insbesondere im Bereich sensibler Daten (Personaldaten, Werkstoffprüfwerte für Kernreaktorkomponenten) müssen höchste Anforderungen an die Datensicherung und Datensicherheit gestellt werden. Aber auch beim täglichen Kommunikationsverhalten hat der Benutzer kein Verständnis, wenn das System nicht betriebsbereit ist und das Arbeitspensum deshalb nicht planmäßig erfüllt werden kann.

Der Systemstandard wird zu einem wichtigen Entscheidungskriterium, wenn verschiedene Kommunikationskomponenten miteinander verknüpft werden sollen. Hier sollten möglichst Schnittstellen vorhanden sein, die sowohl von der Hardware (Steckverbindungen) als auch von der Software (Übergabeprotokolle) einen Informationsaustausch zulassen. In diesem Bereich entstehen leider noch viele Ärgernisse für den IuK-Systemkunden, da die EDV-Hersteller jeweils ihre spezifischen Schnittstellen definieren und eine Anpassung verschiedener Komponenten ohne zusätzliche Programmierarbeiten höchst selten möglich ist.

Die Systembedienung ist in den letzten Jahren in den Vordergrund der Entscheidungskriterien gerückt, nachdem die Benutzer mit mangelnder Akzeptanz auf bedienerunfreundliche Geräte reagierten und der gewünschte Rationalisierungserfolg nicht verzeichnet werden konnte.

3.4 Organisation

Die Wahl der organisatorischen Indikatoren wird zunächst von den Unternehmensspezifika beeinflußt. Dabei ist z. B. die Größe des Unternehmens ausschlaggebend, ob sich die Einführung eines IuK-Systems überhaupt lohnt. Denn elektronische Kommunikation ist nur dann sinnvoll, wenn große Distanzen überwunden werden müssen oder eine "kritische Masse" an Partnern an der Kommunikation teilnimmt. Weiterhin bestimmt die betriebliche Aufgabenstellung die Auswahl von Hard- und Softwarekomponenten, so daß geprüft werden muß, ob es handelsübliche IuK-Technologiekomponenten gibt, welche die Anforderungen des Betriebes überhaupt erfüllen können.
Weitere organisatorische Indikatoren werden durch das Implementierungsgeschehen beeinflußt. In der Vergangenheit zeichnete sich die Vorgehensweise zur Einführung von IuK-Technologie dadurch aus, daß die Technik als Ansatzpunkt der Gestaltungsmöglichkeiten gewählt wurde (Abbildung 3-5). Nach der Installation leiten sich die Arbeitsvorgaben für den Menschen und die Anforderungen an die Organisation daraus ab. Durch organisatorische Regelungen wird der Rahmen für das Handeln des Menschen vorgegeben, der durch seine Aufgabenbeiträge die Anforderungen der Technik erfüllt. Insofern beeinflußt die Technik die Leistung des IuK-Systems, wobei dem Menschen wenige Freiheitsgrade im Handeln verbleiben.

Die Zielvorstellung für zukünftigen IuK-Einsatz geht dahin, daß der Mensch eine Aufgabenstellung übernimmt und seine Anforderungen an die Technik stellt (vgl. HENNING 1986, S.A-30), bevor sie implementiert wird (Abbildung 3-6). Mit einer auf diese Weise gefundenen technischen Lösung wird ein Regelkreis zur die Erledigung verschiedener Teilaufgaben möglich, wobei der Mensch stets seine aktive Rolle als Regler (vgl. HENNING 1985, S. F-1) beibehält, indem die Arbeitsschritte nach seinen Anweisungen realisiert werden. Die Organisation als Bindeglied zwischen Mensch und Technik wird in erster Linie von den Erfordernissen des Menschen geprägt und in zweiter Linie von der Technik. Durch diese Vorgehensweise werden nur technische Komponenten herangezogen,

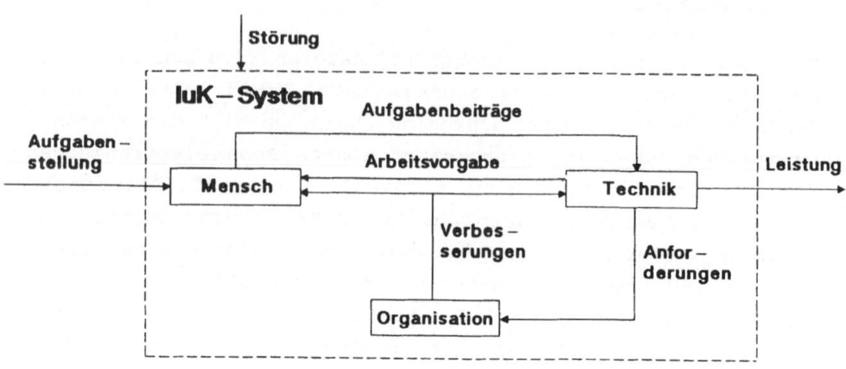

Abb. 3-5: Technikorientierter Systemgestaltungsansatz

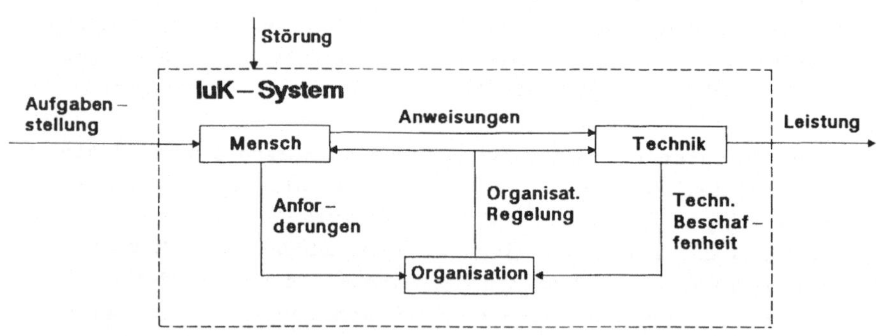

Abb. 3-6: Menschorientierter Systemgestaltungsansatz

die wirklich notwendig sind und deren Benutzerakzeptanz gesichert ist.
Bei der Implementierung von IuK-Technologie werden automatisch bestehende Installationen von Änderungswünschen betroffen und andere laufende Datenverarbeitungsvorhaben tangiert. Dies erfordert eine Abstimmung zwischen den verschiedenen Auftraggebern der DV-Vorhaben und eine interdisziplinäre Arbeitsweise zwischen den Implementierungsbeteiligten. Vorschläge zur Realisation werden von KUBICEK (1979), MUMFORD/WELTER (1984) und JUNKER et al. (1985) gemacht.
Die Aufbauorganisation des Unternehmens wird in Frage gestellt, sobald abteilungsübergreifend IuK-Technologie eingesetzt wird. Denn deren vielfältige Einsatzmöglichkeiten der Technologie erfordern ein Überdenken der bisherigen Organisationsformen. Dabei werden Kompetenzverschiebungen bei Vorgesetztenfunktionen ausgelöst, die den Betroffenen erläutert werden müssen. Es kann davon ausgegangen werden, daß viele Fachvorgesetzte die Folgen durch Einsatz der IuK-Technologie noch nicht überschauen, so daß Befürchtungen hinsichtlich eines Kompetenzverlustes und eigenen Qualifizierungsdefiziten bestehen. Um demotivierenden Wirkungen vorzubeugen, sollten Änderungen in der Aufbauorganisaton systematisch durchgeführt werden unter Berücksichtigung der Auswirkungen auf die Organisationsmitglieder.
Es wird weiterhin nötig und möglich sein, die Ablauforganisationsprinzipien zu überdenken und sowohl Rationalisierungs- wie auch Humanisierungsmaßnahmen einzuleiten. Zum Beispiel sind bei der heute weit verbreiteten vorgangsorientierten Sachbearbeitung hohe Durchlaufzeitanteile zu verzeichnen, die nicht zur Wertsteigerung des Produktes "Information" beitragen. Dazu zählen im wesentlichen Liege- und Transportzeiten. SCHWETZ (1985, S. 307) nennt einen Anteil von 95% bis 97% der Verweildauer, in der der Vorgang nicht bearbeitet wird. Sie kommt dadurch zustande, daß bei jedem Sachbearbeiter, der einen Vorgang bearbeitet (Abbildung 3-7), jeweils Liegezeit und Einarbeitungszeit entstehen. Zusätzlich werden Einzelablagen erzeugt, die insgesamt unsystematisch und redundant sind und keinen zentralen Zugriff

zulassen.

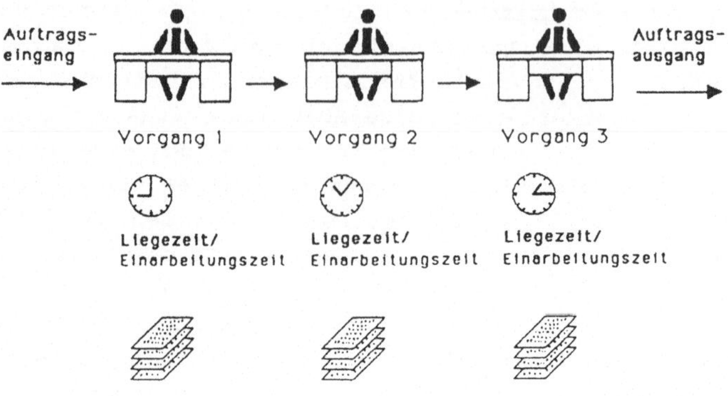

Abb. 3-7: Vorgangsorientierte Sachbearbeitung

Aus Rationalisierungs- und Humanisierungsgründen ist eine fallorientierte Sachbearbeitung in vielen Fällen zu empfehlen (Abbildung 3-8). Dazu führt ein Sachbearbeiter alle Einzelvorgänge aus. Er benötigt nur einmal Einarbeitungszeit und die Anzahl der Liegeplätze wird somit weitgehend reduziert. Als Voraussetzung muß gelten, daß die IuK-Technologie einen Zugriff auf alle gewünschten Informationen zuläßt und der Sachbearbeiter die entsprechende Qualifikation besitzt, um alle Vorgänge bearbeiten zu können.
Als Humanisierungsgesichtspunkt kommt hinzu, daß die Einführung von Mischarbeit (vgl. KÖCHLING 1984, S. 100 ff) und die Zusammenfassung von Planung, Ausführung und Kontrolle der Sachbearbeitertätigkeit (vgl. ZIMMERMANN 1982, S. 31) technisch leichter möglich ist.

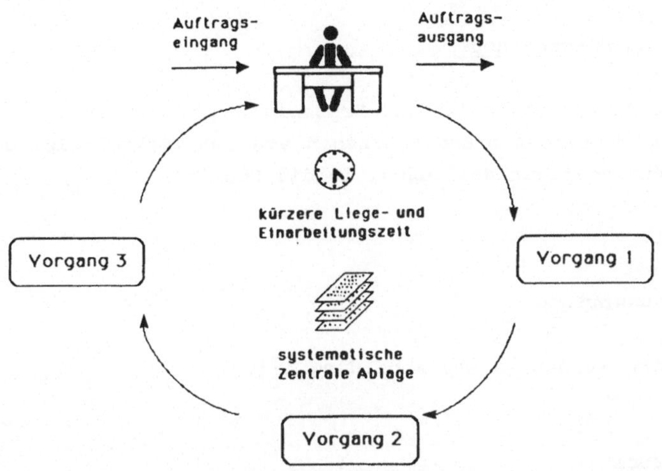

Abb. 3-8: Fallorientierte Sachbearbeitung

3.5 Rahmenbedingungen

Damit die Einführung eines IuK-Systems erfolgreich verlaufen kann, sind einige organisatorische und funktionale Rahmenbedingungen vorauszusetzen. Zu diesen zählt die gesicherte Überlebensfähigkeit des Unternehmens, die Tatsache, daß das Unternehmen Produkte für einen erreichbaren Absatzmarkt produziert und die Unterstützung durch Fachabteilungen (z.B. Aus- und Weiterbildung) oder externe Berater in der Systemgestaltung wahrnimmt.

Das Management muß bei hoher Qualifikation in der Lage sein, aussichtsreiche Innovationen zu erkennen und zu fördern. Solche Initiativen des Managements müssen andererseits von der Unternehmensleitung angeregt und unterstützt werden. Sind Maßnahmen zur Organisationsentwicklung eingeleitet, so soll dies unter dem Aspekt Kooperation und Integration stattfinden.

Die Aktivitäten zur Partizipation der Anwender in der Systemgestaltung erfordern eine Arbeitsplatzgarantie im Unternehmen, um auszuschliessen, daß jemand durch Verbesserungsvorschläge seinen eigenen Arbeitsplatz gefährdet.

4. Untersuchungsmethode

Ziel der Untersuchung ist die Erschließung von Informationen über das Implementierungsgeschehen von IuK-Technologie. Der Untersuchungsablauf soll dabei in die Schritte

- Enquete
- Erhebung
- Datenauswertung

gegliedert werden (siehe Abbildung 4-1).

4.1 Enquete

Die Enquete bildet den ersten Schritt der Untersuchung. Zur Vorbereitung werden zunächst mögliche Einflußfaktoren auf das Implementierungsgeschehen zusammengetragen und in eine hierarchische Ordnung gebracht. Da nicht alle Einflußfakoren durch betriebliche Untersuchungen überprüfbar erscheinen und zudem die Relevanz einiger Einflußfaktoren zumindest als unsicher anzusehen war, mußte ein Filter zur Extraktion relevanter Faktoren herangezogen werden. Als Filter dienten 21 Experteninterviews (siehe Anhang I), die es ermöglichten, eine Bewertung und Selektion der Faktoren in der Weise vorzunehmen, daß die relevanten und einer praxisgerechten Datenerfassung zugänglichen Einflußfaktoren erkannt werden.
Auf der Grundlage dieser Erkenntnisse konnte die Datengewinnung durchgeführt werden.

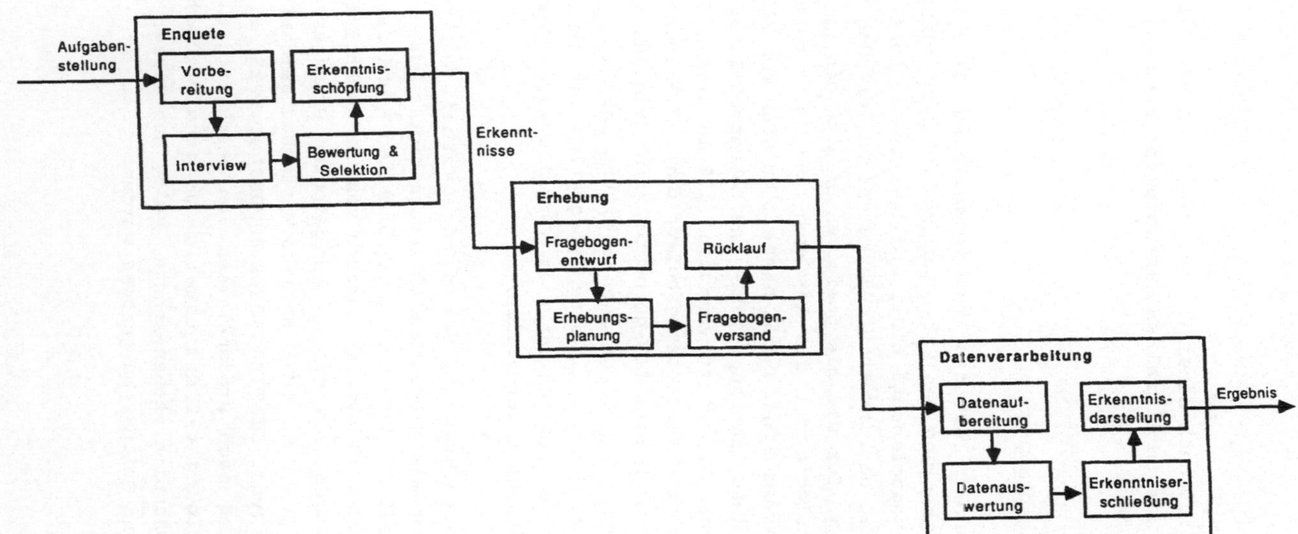

Abb. 4-1: Vorgehensweise

4.2 Erhebung

Die Erhebung ist nach einer Vorgehensweise in mehreren Stufen erfolgt, die im einzelnen darzustellen sind (siehe Abbildung 4-1).

4.2.1 Erhebungsplanung

Die erste Stufe bildet die Erhebungsplanung. Dazu ist zunächst die Abgrenzung des Untersuchungsfeldes zu vollziehen. Als Untersuchungselemente einer Grundgesamtheit lassen sich die Unternehmen des Investitionsgüter produzierenden Gewerbes betrachten, für die die positiven Effekte des Einsatzes von IuK-Technologie für die Anfragen- und Auftragsbearbeitung von Relevanz sind. Dabei handelt es sich vor allem um die Branchen Maschinenbau, Stahl- und Leichtmetallbau sowie Stahlverformung. Es ist zu vermuten, daß in diesem Bereich noch sehr großer Unterstützungsbedarf durch IuK-Technologie besteht, aber auch eine EDV-gerechte Strukturierung der Daten zur Anfragen- und Auftragsbearbeitung Schwierigkeiten bereitet. Zudem ist häufig eine Integration der kaufmännischen und der technischen Daten im Vertrieb wegen des ständigen Termindrucks erforderlich.

Die untersuchten Elemente der Grundgesamtheit sollten nur aus Unternehmen mit mindestens 50 Beschäftigten bestehen, da sonst der Anteil der Verwaltungsangestellten - und damit die Möglichkeit einer sinnvollen Nutzung von IuK-Technolgie - zu gering sein würde. Bei der so festgelegten Grundgesamtheit handelt es sich um ca. 4.000 erfaßte Wirtschaftseinheiten im Bundesgebiet (vgl. STATISTISCHES BUNDESAMT 1985, S. 178). Ihre Verteilung nach Größenklassen von Beschäftigtenzahlen wird in Abbildung 4-2 dargestellt. Da eine Vollerhebung nicht zur Diskussion stehen konnte, mußte aus dieser Grundgesamtheit eine Stichprobe gezogen werden.

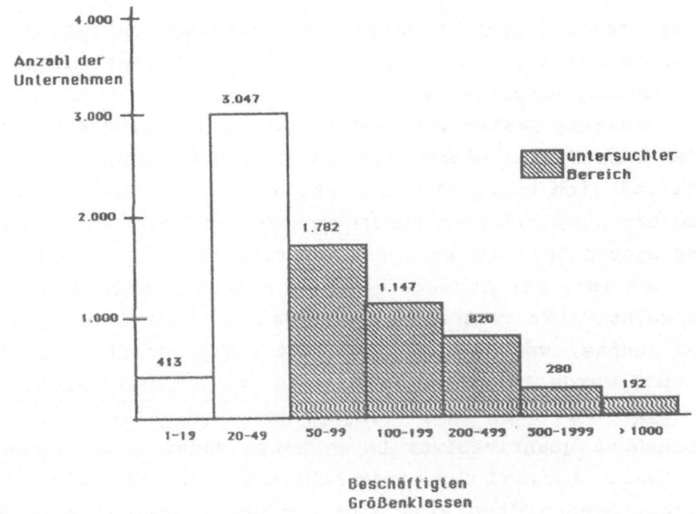

Abb. 4-2: Größenklassenverteilung des untersuchten Industriebereichs

In diesem Fall bot sich eine mehrstufige Zufallsauswahl in Form einer Klumpenstichprobe an. Als Klumpen bezeichnet man Teilmengen der Grundgesamtheit, die bereits vorgruppiert sind. Die Organisation der Untersuchung läßt sich dadurch wesentlich vereinfachen (vgl. BORTZ 1977, S. 111). Praktisch ließ sich dieses Verfahren dadurch realisieren, daß von einigen zufällig ausgewählten Industrie- und Handelskammern im ganzen Bundesgebiet Adressen von Unternehmen der Zielgruppe zur Verfügung gestellt wurden.

Es konnten so ca. 600 Adressen von Unternehmen mit o.a. Merkmalskombination gewonnen werden. Es sollten ihnen standardisierte Fragebögen vorgelegt werden. Die Zufallsauswahl muß deshalb als mehrstufig bezeichnet werden, da keine Rücklaufquote von 100%, sondern - nach Aussage anderer Forschungsträger - nur von 8 bis 15% als realistisch betrachtet werden kann. Dadurch wird eine zweite zufällige Auswahl vorgenommen.

Mit der Fragebogenaktion sollten durch Antworten auf Fragestellungen Aussagen der Unternehmen zu Sachverhalten gesammelt werden. Dabei war es erforderlich, für verschiedene Fragen nominale Skalen vorzusehen, da quantitative Antworten von den Betroffenen nicht erwartet werden konnten.
So stellte sich beispielsweise bei der Frage: "Haben Sie es häufig mit komplizierten Kundenwünschen zu tun?" das Klassifizierungsproblem, ab wann ein Kundenwunsch als kompliziert anzusehen ist. Die Aussagen werden von den Befragten wohl meist relativiert, wodurch eine Tendenz zu Mittelwerten entstehen könnte, welche die Ergebnisse verschleiert. Aus diesem Grund wurde in vielen Fällen als Antwortmöglichkeit nur alternativ "Ja" und "Nein" vorgegeben.
Die Erhebung quantitativer Daten hätte zudem einen wesentlich höheren Aufwand und somit höhere Kosten erfordert.
Die Fragebögen mußten eine einfache und unkomplizierte Beantwortung ermöglichen, da sonst ein negativer Einfluß auf die Rücklaufquote zu erwarten gewesen wäre.
Da a priori keine Kenntnis darüber bestand, welche der ausgewählten und angefragten Unternehmen IuK-Technologie bereits implementiert haben, sollten jedem Unternehmen zwei Fragebögen zugesandt werden, wobei nur der jeweils zutreffende auszufüllen war:

- Fragebogen A für Unternehmen ohne IuK-Technologie
- Fragebogen B für Unternehmen mit IuK-Technologie.

4.2.2 Fragebogenentwurf

Die Erkenntnisse der Enquete dienten als Grundlage zum Entwurf der Fragebögen. Der Inhalt der beiden Fragebögen ist eine komprimierte, strukturierte Form dessen, was an Gedanken über die Faktoren Mensch, Technik und Organisation bezüglich der Anfragen- und Auftragsabwicklung in kleinen und mittleren Unternehmen des Investitionsgüter produzierenden Gewerbes den hier zu diskutierenden Aspekten zugrunde liegt. Es wurden nur solche Gesichtspunkte mit in die Fragebögen aufgenommen, von denen erwartet werden konnte, daß ein Mitglied der Geschäftsführung der Unternehmen sie kompetent beantworten kann. Deshalb sind gegenüber der ursprünglichen Aufstellung von den Effizienzfaktoren, wie sie im folgenden Unterabschnitt aufgestellt werden, einige Aspekte entfallen.

4.2.2.1 Indikatoren

Aus dem abgegrenzten Untersuchungsfeld leiten sich die unternehmensbezogenen Indikatoren ab, die hier nach den drei Komponenten Mensch, Technik und Organisation ermittelt werden sollen.

A) Mensch

Nach der in Abbildung 4-3 dargestellten Gliederung kann man die auf den Menschen bezogenen Grobindikatoren weiter unterteilen. Bezüglich des Personalwesens ist hier die Zielsetzung als erstes zu erwähnen, da auf ihr nicht nur der Personalbedarf und das daraus eventuell resultierende Personalfreisetzungspotential, sondern auch die Personalführung aufbaut.
Wie schon in Kapitel 3.1 beschrieben, geht man heute immer mehr dazu über, die Mitarbeiterpotentiale zu nutzen. So sind Mitarbeiter im Projektmanagement vertreten und werden aktiv an der Systemgestaltung (Planung, Erhebung, Analyse, Konzeption, Realisierung) beteiligt. Damit sind neben einem größeren Humanisierungserfolg auch andere Erwartungen hinsichtlich des Outputs verbunden.
Im Rahmen der Personalentwicklung sollen die Mitarbeiter entsprechend den Anforderungen der Technik, ihres Bildungsbedarfs und ihrer Fähigkeitspotentiale weiter qualifiziert werden. Dies führt zu einer Verschiebung der Arbeitsinhalte, die sich in einer größeren Arbeitszufriedenheit, Flexibilität und höheren Standardisierung äußern soll.
Voraussetzung zur Durchführung von Qualifizierungsmaßnahmen ist die Motivation der Mitarbeiter, da nur so das gesteckte Ziel erreicht werden kann.

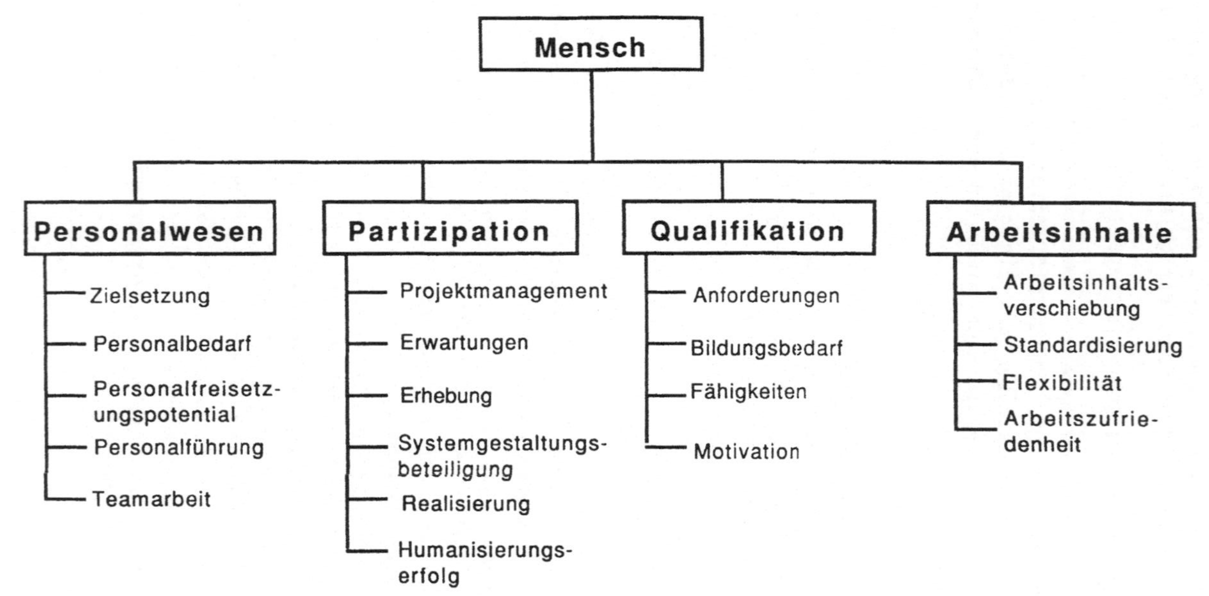

Abb. 4-3: Menschbezogene Implementierungsindikatoren

B) Technik

Heute werden Daten-, Textverarbeitungs- und Nachrichtentechnik integriert in einem System angeboten. Ob dieses neue IuK-System eine Effizienzsteigerung erreichen kann, soll anhand der zugeordneten Indikatoren überprüft werden. Dabei wird die Gliederung nach Oberbegriffen (Abbildung 3-1) - bezogen auf die Technik - weiter spezifiziert (Abbildung 4-4). Im Bereich der Leistungsfähigkeit der Systeme spielen vor allem Datenaktualität, Datenrückgriff, Datenerfassung und Informationsübersicht eine entscheidende Rolle. Hinzu kommen die Speicherkapazität sowie die Funktionen des Systems und die Betriebsmittelzeit.
Die Leistungsfähigkeit des Systems baut auf der Systemzuverlässigkeit auf, d.h. ob Hardware- und/oder Softwarefehler auftreten, wie es um die Wartung und Instandsetzung steht und ob eine ausreichende Datensicherung vorliegt, die Grundlage für das Technologievertrauen ist.
Ein weiterer wichtiger Gesichtspunkt ist der Standard des IuK-Systems. Hierunter fallen Kompatibilität, Vernetzungsmöglichkeiten, die Eigenprogrammierung sowie die Datenbestandsführung. Je nach in Anspruch genommenen Funktionen muß die vorhandene Technologie mit einem mehr oder weniger großen Software-Know-how an das neue IuK-System angepaßt werden. Daraus entstehen Folgewirkungen für die Systembedienung, die Hard- und Software-Ergonomie und die gesamte Bedienerfreundlichkeit. Weitere Merkmale sind das Schulungsmaterial, die Handbücher und die Folgewirkungen im Hinblick auf die technisch-organisatorischen Arbeitsbedingungen.

C) Organisation

Die Wahl organisatorischer Maßnahmen wird durch die Unternehmensspezifika beeinflußt (Abbildung 4-5). Diese sind z. B. Branche, Mitarbeiterzahl, Abteilungsanzahl, Fertigungsart und Produktpalette. Hiervon abhängig ergeben sich Anforderungen an die Aufbau- und Ablauforganisation sowie die Implementierung der neuen Technik selbst.

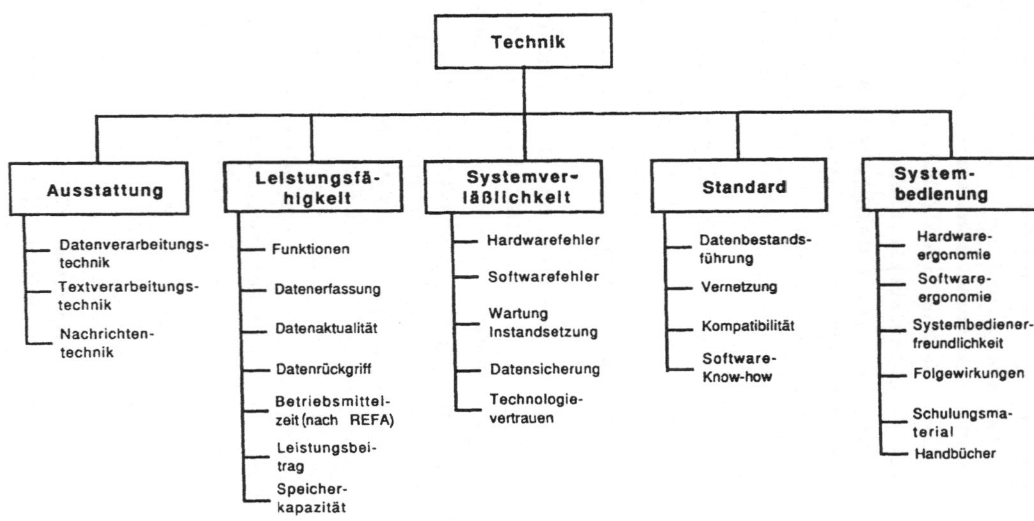

Abb. 4-4: Technikbezogene Implementierungsindikatoren

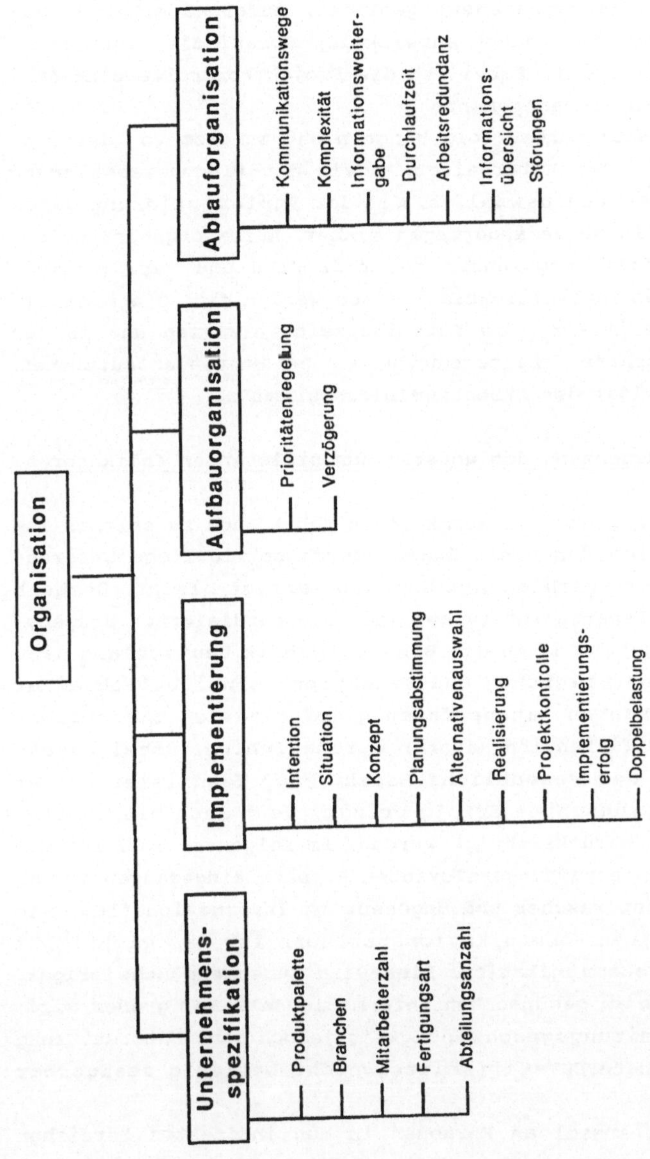

Abb. 4-5: Organisationsbezogene Implementierungsindikatoren

Diese beginnt mit der Definition der Zielvorstellungen. Es wird ein Projektmanagement gebildet, aufgrund einer Situationsanalyse ein Konzept entwickelt, worauf die eigentliche Realisierung folgt. Dabei ist die Projektkontrolle eine Aufgabe des Projektmanagements.
Der Implementierungserfolg hängt nicht zuletzt von der Doppelbelastung der Mitarbeiter, sowie der Planungsabstimmung und Alternativenauswahl ab. Mit der Implementierung gehen organisatorische Veränderungen einher. Aufbauorganisatorisch sind Prioritätenregelungen zu optimieren und Verzögerungen zu vermeiden. Ablauforganisatorisch werden sich die Kommunikationswege ändern, die Durchlaufzeit verkürzen und in der Einführungsphase Arbeitsredundanzen und Störungen auftreten. Die Komplexität des Arbeitsumfeldes nimmt zu.

4.2.2.2 Eingrenzung der untersuchungsrelevanten Indikatoren

Die Spezifizierung von Kennzeichen führt auch zu solchen Indikatoren, bei denen ein Zugang durch betriebliche Untersuchungen aus verschiedenen Gründen versagt bleibt. Deshalb sollten 21 Experteninterviews (halbstandardisierter Fragebogen siehe Anhang I) in der Bundesrepublik Deutschland dazu dienen, eine Bewertung und Selektion hinsichtlich einer praxisrelevanten Datenerfassung der zunächst theoretisch möglichen Effizienzindikatoren durchzuführen. Dabei bestätigte sich der wesentliche Aspekt, daß Technisierung nur dann den gewünschten Erfolg bringt, wenn auch die übrigen Komponenten berücksichtigt werden. Im folgenden soll auf die besonders untersuchungsrelevanten Aspekte eingegangen werden.
Ein möglichst rascher und ungehemmter Informationsfluß zwischen einzelnen Kommunikationspartnern ist das wichtigste Ziel in Bürokommunikation. Dies wird zunehmend schwieriger, da die Menge an gewünschten Informationen immer größer wird, die Verarbeitungsgeschwindigkeit jedoch ohne Unterstützung durch geeignete EDV-Hilfsmittel nicht beliebig steigerbar ist.
Eine höhere Anzahl an Personen in den indirekten Bereichen könnte diesen Zustand auch nur bedingt verbessern, da mit der Anzahl steigender Kommunikationspartner ebenfalls die

Kommunikationswege größer werden. Dabei spielt die Implementierung neuer Hard- und Softwarelösungen in die bestehende DV-Landschaft eines Unternehmens eine wichtige Rolle.
Die Erwartungen an die neuen Systeme sind eng verknüpft mit den bisherigen Erfahrungen im eigenen Unternehmen. Werden Systeme wie bisher von "oben herab" ausgewählt und rasch installiert, so werden die Anwender auch weiterhin skeptisch in ihrem Akzeptanzverhalten sein. Ist keine Information über das Leistungsvermögen und die Grenzen der Systeme vorhanden, so werden auch keine großen persönlichen Vorteile erwartet.
Die Betroffenen trachten danach, die bisherige Logik in ihrer Arbeitsweise, auch wenn sie z.T. etwas unrationell abgelaufen ist, im großen und ganzen im neuen System wiederzufinden. Aus diesen Gründen verlangt die Gestaltung komplexer Arbeitssysteme in indirekten Bereichen die aktive Einbeziehung der Betroffenen .
Hierzu ist im ersten Schritt eine Information der Betroffenen im notwendigen Umfang erforderlich. Es muß weiterhin klar sein, daß es nicht Gegenstand der Gestaltungsmaßnahmen sein kann, die Mitwirkenden als Folge von ihren Beiträgen zu entlassen. Der Grad der Beteiligung (direkt, repräsentativ, beratend) hängt von den jeweiligen Randbedingungen ab. Er sollte in der Konzeptionsphase relativ hoch sein, damit möglichst viele Nutzerinteressen einbezogen werden. Er kann in der Durchsetzungsphase reduziert werden.
Eine reine Interessenvertretung durch Betriebsratsmitglieder ist deshalb problematisch, da diese nicht alle Detailanforderungen an jeden Arbeitsplatz aufstellen können.In diesem Punkt sind die Anwender des Systems unbedingt vorherzu beteiligen.
Als Arbeitsmittel in der Systemgestaltung scheint das Prototyping-Verfahren gute Erfolgsaussichten zu besitzen. Demnach wird mit der Hardware des neuen Systems ein Prototyp der Kommunikationsformen erstellt und unter Mitwirkung der Betroffenen einem Testzyklus unterzogen, in dem alle kritischen Funktionen erprobt werden können. Somit lassen sich Fehler frühzeitig beheben und der Lernprozeß kann für alle rationell erfolgen.
Externe Berater sollen bei der Systemgestaltung die geeigne-

ten methodischen Hilfsmittel auswählen und vermitteln und zugleich eine Vermittlerrolle zwischen den Interessen der Systemgestalter und den Anwendern übernehmen. Berater sollen in jedem Fall nach einer gewissen Zeit überflüssig werden.
Es ergibt sich die Forderung zur Mitarbeiterqualifizierung, wobei drei Themenbereiche anzusprechen sind:

- soziale Kommunikation,
- Systemschulung,
- fachliche Weiterbildung.

Die Schulungsmaßnahmen zu den Themen "soziale Kommunikation" und "fachliche Weiterbildung" können weitgehend systemunabhängig erfolgen. Ziel ist es, die Anwender des neuen Systems in der Arbeitssystemgestaltung mitwirken zu lassen (z.B. Aufstellung der Anforderungen) und sie kompetent für weitere notwendig werdende Gestaltungsmaßnahmen zu machen, die auf jeden Fall erforderlich werden. Die Qualifizierungsmaßnahmen sollen nach Möglichkeit hausintern abgewickelt werden, so daß eine Möglichkeit existiert, den Qualifizierungsprozeß auf lange Sicht sicherzustellen und weiterzuführen.
Der Ausbildung der Ausbilder kommt ebenfalls eine wichtige Rolle zu, da didaktische Kenntnisse und Supervision für die Erwachsenenbildung von großer Wichtigkeit sind.
Die Systemschulung wird oft als Stiefkind der Qualifizierung behandelt und aus rationellen Gründen dem Systemhersteller überlassen. Die dort angewandten Maßnahmen sind häufig von unzureichender Qualität. Es wird den Anwendern zugemutet, sich in den Fachjargon des Systemherstellers, der zumeist isoliert dasteht, einzuarbeiten.
Neben der Qualifizierung der eigentlichen Systemanwender sollten Betriebsratsmitglieder ebenfalls in die Schulungsmaßnahmen einbezogen werden, um die Interessen der Gesamtbelegschaft kompetent vertreten zu können.
Die Einführungsphase muß sorgfältig vorbereitet werden und sollte aus einer Vorphase zur Konzeptfindung und einer Hauptphase mit Test- und Realisationsabschnitt bestehen.
Bei der Bildung der Zielkriterien in der Konzeptionsphase spielen humanwissenschaftliche Aspekte eine immer größere

Rolle. Während der Konzeptionsphase werden Analyseinstrumente eingesetzt, deren theoretischer Hintergrund den Mitgliedern der Fachabteilung, in denen sie eingesetzt werden, meist nicht bekannt sind. Wird er ihnen erläutert, so beeinflußt dies die Meinung der Betroffenen positiv und erzeugt Akzeptanz und Motivation zur Mitarbeit.
Der zeitliche Rahmen für die Implementierung bewegt sich zwischen 2 und 5 Jahren. Daraus ist ersichtlich, daß die Einarbeitungszeiten als sehr lange erachtet werden müssen (zumeist aufgrund mangelnder Vorbereitung) und in dieser Zeit die Leistungsfähigkeit der Abteilung zunächst schlechter wird, solange redundante Arbeitsschritte nicht aufgegeben werden können.
Da die Systemgestalter in der Regel zu wenig vom Ablauf der Arbeit in den Fachabteilungen verstehen, die dortigen Mitarbeiter aber auch nicht in der Lage sind, Anforderungen an neue Systeme umfassend ohne Anleitung zu formulieren, kommt es immer wieder zu umfangreichen Änderungsarbeiten, nachdem ein System installiert ist. Hier zeigt sich ebenfalls die Güte eines Systems, wenn es einen einfachen Änderungsdienst besitzt.
Es ist zu beobachten, daß nicht alle Funktionen eines Systems von jedem Anwender (z.B. Sachbearbeiter) gleich gerne und häufig benutzt werden. Gerade bei Gelegenheitsbenutzern darf die Handlungsanleitung nicht zu kompliziert sein.

4.2.3 Pretest

Die im Entwurf gestalteten Fragebögen wurden zur Prüfung auf Verständlichkeit und Klarheit an je 5 Unternehmen getestet und daraufhin in einigen Aspekten überarbeitet.

4.2.4 Durchführung der Fragebogenaktion

Die überarbeitete Version der Fragebögen (siehe Anhang II) wurde an 450 der 600 Unternehmen verschickt. Der Rücklauf von genau 100 - entsprechend 22% - ist als sehr hoch einzustufen. Es läßt sich daraus ein großes Interesse bezüglich der untersuchten Themenstellung ableiten. Von den 100 Unternehmen hatten 47 den Fragebogen A und 53 den Fragebogen B zurückgeschickt.

4.3 Datenauswertung

Die Daten wurden für eine Auswertung mit statistischen Verfahren aufbereitet. Es sollten Informationen über Gestaltungsaspekte der Einführung neuer IuK-Technologie erschlossen werden, wobei die Anforderungen an die statistische Sicherheit mit $\alpha = 0{,}05$ (signifikant) oder $\alpha = 0{,}1$ (nach Bedeutsamkeit für eine Untersuchung dieser Art angemessen; vgl. BORTZ 1979, S. 147) gesetzt sind. Über die Indikatoren sollte die Statistik Aussagen zu drei Fragestellungen von wesentlichem Interesse liefern:

a) Zeichnen sich für die Unternehmen der Stichprobe wesentliche Gemeinsamkeiten ab, die auch für die Grundgesamtheit Gültigkeit haben können?

b) Gibt es Abhängigkeiten hinsichtlich bestimmter Merkmalskombinationen und ihren Ausprägungen zwischen den Unternehmen?

c) Sind Unterschiede erkennbar zwischen den Erwartungen der Unternehmen ohne IuK-Technologie und den Erfahrungen der Unternehmen mit IuK-Technologie?

Auf der Grundlage dieser Fragestellungen konnten Erkenntnisse über Indikatoren durch die Aufdeckung von Zusammenhängen zwischen einzelnen Merkmalen erschlossen werden. Die zur Datenauswertung und Erkenntnisschließung angewandten Verfahren sind im nächsten Kapitel vorgestellt.

5. Instrumentarien zur Datenauswertung

Bei der Datenauswertung zur Ermittlung quantitativer Aussagen kommen folgende statistische Verfahren zur Anwendung:

a) Ermittlung statistischer Schätzwerte für Anteile (p) und deren Vertrauensbereich ($p \pm d$) bei vorgegebener statistischer Sicherheit ($1-\alpha$)

b) Untersuchung von Unterschieden in den Angaben der Unternehmen nach dem Approximativen Gaußtest und

c) Ermittlung statistischer Prüfgrößen für Kontingenz, um Testaussagen zu verifizieren.

Bei den Testverfahren handelt es sich um Signifikanztests. Die Konfigurationsfrequenzanalyse dient im vorliegenden Fall dazu, zusätzliche Erkenntnisse aus Inhomogenitäten im Datenmaterial zu gewinnen. Die Festlegung der Hypothesen erfolgt entsprechend den Aussagengehalten der Indikatoren. Es wird für die Signifikanztests folgende Vorgehensweise gewählt (vgl. BAMBERG/BAUR 1985, S. 179):

1) Festlegung des Signifikanzniveaus (α) für die Wahrscheinlichkeit eines Fehlschlußrisikos für die fälschliche Ablehnung der Nullhypothese (H_o).

2) Auswahl einer Stichprobenfunktion und Berechnung des Wertes einer Prüfgröße (v) aus den Stichprobendaten.

3) Bestimmung der Signifikanzschwelle v_α (in Testdarstellung mit B bezeichnet) entsprechend α für das Verwerfen der Nullhypothese.

4) Anwendung der Entscheidungsregel zur Ablehnung von H_o, wenn $v \geq B$.

5.1 Approximativer Gaußtest

Der Approximative Gaußtest vergleicht den unbekannten Erwartungswert einer Verteilung mit einem hypothetischen Wert (BAMBERG/BAUR 1985, S. 187 ff.).

Für die Praxis der Testtechnik ergibt sich damit - je nach einseitiger oder zweiseitiger Testauslegung - ein Testansatz für den Wert ($\hat{p}$) einer Stichprobenfunktion und den Wert des entsprechenden Verteilungsparameters (p_o) einer Testhypothese (H_o). Für das Datenmaterial gilt hinsichtlich des Stichprobenumfangs die Bedingung $n > 30$ und für Binomialverteilungen (mit $p = m/n$), daß $np > 5$ und $n(1-p) > 5$ sein sollen. Im vorliegenden Fall der dichotomen Merkmalsausprägungen erhält man zur binomial verteilten Grundgesamtheit für Mittelwerte als Testgröße

$$v = |p-p_o| / \sqrt{p(1-p_o)/n} \quad , \qquad (1)$$

die unter den angegebenen Bedingungen approximativ normalverteilt N (0;1) ist. Nach Festlegung des Signifikanzniveaus erhält man einen Verwerfungsbereich, so daß die Nullhypothese (H_o) zu verwerfen ist, wenn $v>B$ gilt. Die Werte (v_α) des Fraktils (Verteilungsvariablenwert) sind dabei in den Tabellen der Normalverteilung in Standardform N(0;1) - mit $\mu=0$ und $\sigma=1$ - zu entnehmen.

5.2 Vertrauensbereich zu $\hat{p}$

Vielfach ist es aufschlußreicher, anstelle des Testansatzes ein Vertrauensintervall in der Form

$$P(\hat{p}-d \le p \le \hat{p}+d) = 1 - \alpha \qquad (1a)$$

zu dem Stichprobenwert $\hat{p}$ aufzustellen. Die dafür anzusetzenden Genauigkeiten (d) lassen sich ebenfalls aus der N(0;1)-Approximation berechnen:

$$d = v_\alpha \sqrt{\hat{p}(1-\hat{p})/n} \; . \qquad (1b)$$

5.3 Kontingenzanalyse

In einer Kontingenzanalyse kann die Unabhängigkeit zweier Merkmale (X,Y) in einer statistischen Masse festgestellt werden. Als Zusammenhangsmaß wird ein Kontingenzkoeffizient (C) definiert, der sich zu nominalskalierten Werten bestimmen läßt.
Das Datenmaterial ergibt sich aus den Untersuchungen in solchen Fällen in Form einer Mehrfeldertafel. Im Falle kontinuierlicher Variablen erhält man die entsprechenden Häufigkeiten dadurch, daß man die Wertebereiche der Variablen (X,Y) dazu in $k,l \geq 2$ disjunkte Intervalle teilt. Durch Auszählen der Häufigkeiten (h_{ij}) erhält man dann eine Kontingenztabelle mit den Feldern der Merkmalsausprägungen (siehe Abbildung 5-1)
Die Summen der Reihen in der Tabelle werden Randhäufigkeiten ($h_{i.}, h_{.j}$) genannt.

X \ Y	B_1	B_2	. . .	B_l	
A_1	h_{11}	h_{12}	. . .	h_{1l}	$h_{1.}$
A_2	h_{21}	h_{22}	. . .	h_{2l}	$h_{2.}$
.	.	.		.	.
.	.	.		.	.
.	.	.		.	.
A_k	h_{k1}	h_{k2}	. . .	h_{kl}	$h_{k.}$
	$h_{.1}$	$h_{.2}$		$h_{.l}$	n

Abb. 5-1: Mehrfeldertafel

Für den Kontingenztest sind zunächst die theoretischen Häufigkeiten zu ermitteln:

$$a_{ij} = h_{i.} \cdot h_{.j}/n \quad . \tag{2}$$

Der Testfunktionswert (v) ist dann zu berechnen nach:

$$v = \sum_{i=1}^{k} \sum_{j=1}^{l} (h_{ij} - a_{ij})^2 / a_{ij} = \sum_{i=1}^{k} \sum_{j=1}^{l} h_{ij}^2 / a_{ij} - n \,. \qquad (3)$$

Für den Fall der Unabhängigkeit gilt theoretisch die Erwartung $E(h_{ij}) = a_{ij}$. Dem entspricht in der Untersuchung ein kleiner Wert der Testfunktion. Ein hoher Testfunktionswert läßt dagegen auf Abhängigkeit schließen. Dieser ist Chi-quadrat-verteilt. Als Voraussetzung für den Kontingenztest müssen alle Häufigkeiten die Bedingung $a_{ij} > 5$ erfüllen.

Zur signifikanten Erfassung von Unterschieden zwischen zwei Gruppen im Falle zweier unabhängiger Stichproben ist bei Stichprobenumfängen $N > 20$ der Chi-Quadrat-Test für zwei unabhängige Stichproben anzuwenden.

Die Vorgehensweise entspricht der des Kontingenztests. Für die Vierfeldertafel (k=l=2) ergibt sich die Prüfgröße in der Form

$$v = N(h_{11}h_{22} - h_{12}h_{21} - N/2)^2 / (h_{1.}h_{2.}h_{.1}h_{.2}) \,. \qquad (4)$$

5.4 Konfigurationsfrequenzanalyse

Die Konfigurationsfrequenzanalyse (KFA) besteht aus einer heuristischen Informationserschließungstechnik zum Auffinden von Inhomogenitäten in einem gegebenen Datensatz. Anhand der ermittelten Werte ist es möglich, einfach und schnell einen Überblick über auffällige Inhomogenitäten im Datenmaterial zu erhalten. Die KFA kann jedoch keinen Nachweis im mathematisch-statistischen Sinne liefern. Sie ist vielmehr eine Methode, nach der sich aus dem erhobenen Datenmaterial Hypothesen über Inhomogenitäten aufstellen lassen. Die statistische Absicherung muß dann nach anderen Verfahren erfolgen (vgl. KRAUTH/LIENERT 1973, S. 39). So kommt im Rahmen dieser Untersuchung der KFA die Aufgabe zu, weitere Zusammenhänge aufzudecken. Um den Rechenaufwand zu begrenzen, werden jeweils drei Merkmale hinsichtlich ihrer Konfigurationsfrequenzverteilung überprüft. Das Ziel der KFA läßt sich anhand der geometrischen Transformation des Meehl'schen Paradoxons veranschaulichen (vgl. KRAUTH/LIENERT 1973, S. 19) (Abbildung 5-2). Diesem liegt die Idee zugrunde, daß sich durch zwei unkorrelierte Merkmale, von dem jedes mit einem dritten

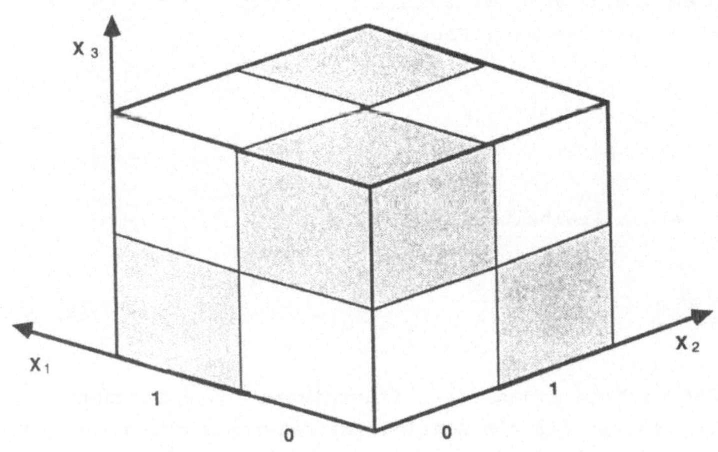

Abb. 5-2: Das Meehl'sche Paradoxon als Assoziation in einer dreidimensionalen Kontingenztafel mit X_1 und X_2 als Indikatoren (binär verteilt) und X_3 als indiziertes Kriterium

Merkmal ebenfalls unkorreliert ist, dieses Merkmal dennoch richtig vorhersagen läßt, wenn man alle drei Merkmale in einem 2x2x2-Felder-Assoziationsschema darstellt. Dazu werden hier jeweils drei binär verteilte Merkmale untersucht. Für alle Konfigurationstypen ijk werden die Häufigkeiten (h_{ijk}) des Auftretens in der Stichprobe ausgezählt. Eine Schätzung (e_{ijk}) für den Erwartungswert der Häufigkeiten (h_{ijk}) erhält man entsprechend Gleichung (2) in der Form:

$$e_{ijk} = h_{i..}\ h_{.j.}\ h_{..k}/n^2 \qquad (6)$$

mit $h_{i..}$, $h_{.j.}$, $h_{..k}$ als Summen über die Dimensionen der Indexvariablen i,j,k, deren Stellen mit Punkten besetzt sind, bei einem Stichprobenumfang n.
Die Prüfung, ob die beobachtete Frequenz substantiell von ihrem Erwartungswert abweicht, erfolgt mit der Chi-Quadrat-Größe (entsprechend Formel (3)):

$$\chi^2_{ijk} = (h_{ijk}-e_{ijk})^2/e_{ijk} \qquad (7)$$

Bei einem Freiheitsgrad

$$Fg = 2^t - t - 1 \qquad (8)$$

läßt sich zu einem Signifikanzniveau eine Schranke χ^2_α bestimmen, ab der ein Konfigurationstyp als abgehoben bezeichnet werden kann. Ein Zusammenhang ist also zu vermuten bei $\chi^2_{ijk} > \chi^2_\alpha$ (vgl. KRAUTH/LIENERT 1973, S.26f). Voraussetzung für eine Konfigurationsfrequenzanalyse ist die Bedingung $e \geq 3$.

6. Erkenntniserschließung

Die Erschließung der Erkenntnisse bezüglich der zu untersuchenden Indikatoren soll durch Interaktionen zwischen Theorie und Empirie erfolgen. Aus den theoretischen Erkenntnissen werden Hypothesen abgeleitet, die mit Hilfe der Fragebogenergebnisse überprüft werden. Die statistische Auswertung der Fragebögen soll eine Untermauerung der theoretischen Erkenntnisse liefern.

Im folgenden werden die theoretischen Aussagen anhand der zu untersuchenden Indikatoren vorgestellt. Eine Kurzdefinition des betrachteten Aspekts wird jeweils vorangestellt, an die sich eine Beschreibung des Indikators anschließt. Zu den Ergebnissen der Datenauswertung wird eine Interpretation gegeben. Eine Empfehlung zur Implementierung von IuK-Technologie schließt die Behandlung jedes Indikators ab.

6.1 Menschbezogene Gestaltungsaspekte

Von den menschbezogenen Gestaltungsaspekten sollen einige näher behandelt werden. Sie sind in Abbildung 6-1 mit einem alpha-nummerischen Zeichen versehen (z.B. M1).

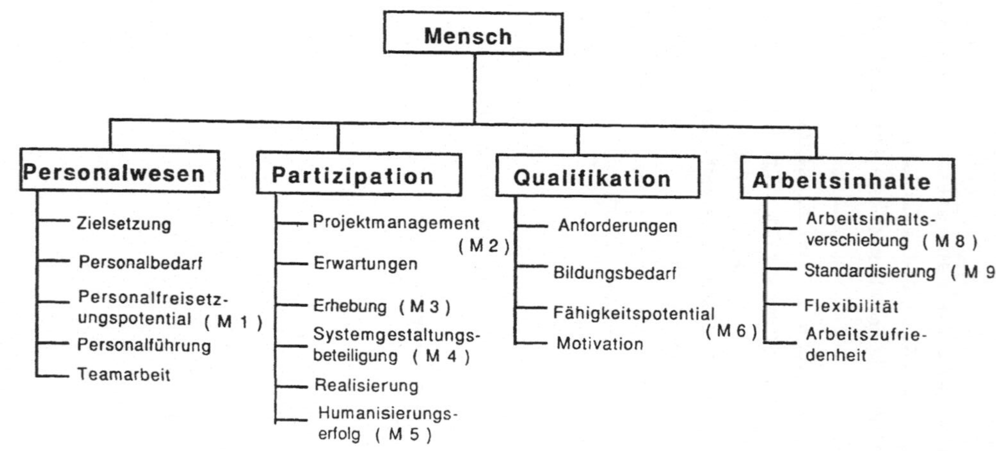

Abb. 6-1: Untersuchte menschbezogene Gestaltungsaspekte

6.1.1 Personalwesen

Personalfreisetzungspotential (M1)

Personalfreisetzung durch IuK-Systemeinsatz

Die Rationalisierungswirkung des IuK-Technikeinsatzes äußert sich in der Steigerung von Wirtschaftlichkeit und Humanität, denn die Arbeitsabläufe werden durch Standardisierung transparant, Medienbrüche vermieden, Routinehandlungen abgebaut und Schreibtätigkeiten reduziert. Zur Steigerung der Wirtschaftlichkeit ist es u. a. möglich, Reduzierungen im Personalkostenbereich zu erzielen oder eine Leistungssteigerung mit der bestehenden Personalkapazität anzustreben.
Welche Zielvorstellungen ein Unternehmen hinsichtlich der zusätzlich gewonnenen Personalkapazität letztendlich sieht, hängt von den betrieblichen Gegebenheiten ab. Deshalb soll untersucht werden, ob personelle Maßnahmen bei der IuK-Systemimplementierung eine Zielsetzung der Unternehmen sind.
Die Überprüfung des Zusammenhangs zwischen dem Zeitgewinn für planerische Aufgaben (B 2606) und Personalentlassungen (B 22) zeigt, daß die Unabhängigkeit mit einem Signifikanzniveau $\alpha = 0{,}05$ verworfen werden kann (Tabelle 1).

Tabelle 1: Zeitgewinn/ Personalentlassung

H_0: Der Zeitgewinn für planerische Aufgaben (B 2606) ist unabhängig von Personalentlassungen (B 22)

Merkmal X: Zeitgewinn
Attribut a: erzielt
Attribut b: nicht erzielt

Merkmal Y: Personalentlassung
Attribut c: nicht vorgesehen
Attribut d: vorgesehen

X \ Y	c	d	$h_{i.}$
a	13	7	20
b	10	18	28
$h_{.j}$	23	25	48

Testvorgabe : $\alpha = 0{,}05$ ==> B = 3,84

Testergebnis : v = 4,00 > B ==> H_1

Die Überprüfung des Zusammenhangs zwischen dem Zeitgewinn für planerische Aufgaben und Personalentlassung erlaubt verschiedene Interpretationsmöglichkeiten. In den meisten Fällen, in denen Zeit für planerische Aufgaben gewonnen wurde, ist eine Personalentlassung nicht vorgesehen. Damit kommt zum Ausdruck, daß die Unternehmen es in der Informationsverarbeitung mit einem Mengen- und Terminproblem zu tun haben, das sie durch Technikeinsatz zu beheben hoffen. Der Personalabbau steht deshalb nicht im Vordergrund des Gestaltungsinteresses. Es ist denkbar, daß die Informationsflut mit dem Stammpersonal nicht zu bewältigen ist, durch weitere Personaleinstellungen das Problem jedoch auch nicht gelöst werden kann.

In den Fällen, in denen eine Freisetzung geplant war, aber keine Zeitgewinne erzielt werden konnten, hat sich offensichtlich der Technikeinsatz als nicht in dem Maße leistungssteigernd erwiesen. Dies ist oft durch Erledigung zusätzlicher Aufgaben bedingt, die ohne den Technikeinsatz nicht nötig gewesen wären, aber letztendlich doch den bestehenden Personalstamm erfordern.

Personalfreisetzungspotential richtig nutzen

Die Intention der Unternehmensleitung hinsichtlich der Vermeidung eines Personalabbaus beim Einsatz der IuK-Technologie ist von großer Bedeutung. Sind Freiräume für planerische Tätigkeiten geschaffen worden, so sollten diese auch genutzt werden, so daß der einzelne Mitarbeiter sich seinen Kernaufgaben oder zusätzlichen Tätigkeiten widmen kann. Der Verkäufer sollte sich z.B. stärker um die Kundenbetreuung kümmern, der Kalkulator um die Optimierung seiner Kalkulationsgrundlagen und der Qualitätssachbearbeiter um die Erhöhung der Erzeugnisgüte.

6.1.2 Partizipation

Projektmanagement (M2)
Projektorganisation

Der Projektorganisation kommt bei der Einführung neuer IuK-Technologie eine sehr große Bedeutung zu, da sie einen entscheidenden Einfluß auf den Implementierungserfolg hat.
In der Praxis treten Fälle auf, in denen die Projektorganisation von nur einer Person geleitet wird oder in denen ein Projektgremium mit mehreren Entscheidungsträgern eingesetzt ist. Die Mehrpersonen-Projektorganisation kann angemessener sein, wenn die Aufgabenstellungen vielseitig sind und Urteile von mehreren Fachvertretern vorliegen müssen.
Um auch die Interessen der Personen der ausführenden Hierarchieebenen (Sachbearbeiter, Unterstützungskräfte) adäquat zu berücksichtigen, sollten auch von ihnen Vertreter dem Gremium angehören.
Ob tatsächlich der Zusammenhang zwischen den Erfahrungswerten der Betroffenen (B 25) und der Art der Projektorganisation (B 18) besteht, wird mit einem Test auf Unabhängigkeit bei einem Signifikanzniveau $\alpha = 0{,}05$ untersucht (Tabelle 2).

Tabelle 2: Projektgremium/ Systemerfahrungen

H_0: Der Wert der gewonnenen Systemerfahrungen (B 25) ist unabhängig davon, ob an der Systemimplementierung ein Mitarbeiter oder mehrere (Gremium)(B 18) beteiligt waren.

Merkmal X: Projektgremium
Attribut a: mehrere Personen
Attribut b: eine Person

Merkmal Y: Systemerfahrungen

Attribut c: positiv
Attribut d: geteilt oder negativ

X \ Y	c	d	$h_{i.}$
a	15	11	26
b	5	14	19
$h_{.j}$	20	25	45

Testvorgabe : $\alpha = 0{,}05 \implies B = 3{,}84$
Testergebnis : $v = 4{,}38 > B \implies H_1$

Es läßt sich statistisch gesichert feststellen, daß eine stärkere Akzeptanz des Systems eintritt, wenn mehrere Personen die Möglichkeit hatten, die Interessen einzubringen und eventuell auch die Entscheidungskonflikte mitzuerleben (vgl. HILBIG 1984, S. 320). Wenn in einer Diskussion nachteilige Folgen eigener Forderungen (nach Auslegung von Technologie oder Organisationsformen) für andere Betriebsbereiche deutlich werden, entsteht die Bereitschaft der Betroffenen, abweichende Beschlüsse des Gremiums hinzunehmen.
Bei einer Projektorganisation durch nur eine Person besteht die Gefahr, daß viele Einzelinteressen aus Unkenntnis übergangen werden, selbst wenn dieser Entscheidungsträger über Fachwissen aus vielen Bereichen verfügt. Zusätzlich ist zu berücksichtigen, daß Entscheidungen selten gegenüber den Betroffenen begründet werden und damit häufig Unverständnis und versteckte Kritik hervorrufen.

Projektmanagement anpassen

Die Implementierung von IuK-Technologie verlangt, daß viele Einzelinteressen zusammengeführt werden müssen. Als Projektorganisationsform bewährt sich ein Gremium aus verschiedenen jeweils in einem Fachgebiet kompetenten Entscheidungsträgern und Vertretern der betroffenen "ausführenden Ebene". Die Entscheidung zu einer Sachfrage sollte von diesem Gremium vorbereitet werden, indem ein Mehrheitsbeschluß für eine bestimmte Lösung gefällt wird. Für die Umsetzung des Beschlusses ist der Leiter des Gremiums verantwortlich. Er wird von den Entscheidungsträgern des Gremiums aus eigenem Antrieb unterstützt.

Erhebungspartizipation (M3)

Partizipation der Anwender von IuK-Technologie während der Erhebungsphase

Der erste Schritt zur Analyse eines IuK-Systems ist die Erhebung des Ist-Zustandes. Es müssen möglichst quantitative Größen zu den Beschreibungsmerkmalen von Mensch, Technik und Organisation erhoben werden, damit eine konkrete Planung zur Implementierung erfolgen kann. Bei rein technischen Sachverhalten ist die Erhebung objektiver quantitativer Daten leicht zu realisieren. Handelt es sich jedoch um schwer quantifizierbare Erhebungsgrößen (z.B. Flexibilität, Arbeitszufriedenheit, Ansehen beim Kunden, Anteil schöpferischer Tätigkeiten), so müssen subjektiv eingeschätzte Werte von Beschreibungsmerkmalen herangezogen werden. Diese sollen von Personen vergeben werden, die über die meisten Sachkenntnisse im jeweiligen Fall verfügen. So sollen Fragen zur DV-Organisation vom Mitarbeitern der Organisationsabteilung, Entlohnungsfragen von den laut Betriebsverfassungsgesetz zuständigen Organen und rein fachabteilungsbezogene Aspekte von den Anwendern selbst bewertet werden. Aus den Teilerhebungen soll dann ein Gesamtbild entstehen.
Es stehen verschiedene Erhebungstechniken wie Interview, Selbstaufschreibung, Dokumentenstudium, Beobachtung, Schätz-

ung, Laufzettelverfahren u.ä. zur Verfügung (vgl. SCHMIDT 1983, S. 10 f.). Bei der Realisierung des Bemühens, den Anwender partizipieren zu lassen, sind allerdings Kapazität, Kosten- und Termingrenzen zu berücksichtigen. So muß ein Kompromiß gefunden werden, die Anwender so viel wie nötig einzubeziehen und so wenig wie möglich von der Tagesarbeit abzuhalten. Mit der Einbeziehung des Anwenders in die Systemgestaltung kommt zum Ausdruck, daß die Unternehmensleitung ihn ernst nimmt und die Systemgestaltung mit seiner aktiven Mitwirkung durchführen möchte.
Ob tatsächlich der Zusammenhang zwischen der Durchführung von Gruppensitzungen als partizipative Erhebungsmethode (B 1105) und der positiven Bewertung durch die Betroffenen (B 25) besteht, wird mit einem Test auf Unabhängigkeit bei einem Signifikanzniveau $\alpha = 0,05$ untersucht (Tabelle 3).

Tabelle 3: Erhebungspartizipation/ Systemerfahrungen

H_0 : Die Gruppensitzungen zur Erhebungspartizipation (B 1105) sind unabhängig von der Bewertung der Systemerfahrungen(B 25)

X \ Y	c	d	$h_{i.}$
a	24	10	34
b	7	11	18
$h_{.j}$	31	21	52

Merkmal X: Gruppensitzung
Attribut a: eingesetzt
Attribut b: nicht eingesetzt

Merkmal Y: Systemerfahrungen
Attribut c: positiv
Attribut d: geteilt oder negativ

Testvorgabe : $\alpha = 0,05$ ==> B = 3,84
Testergebnis : v = 4,91 > B ==> H_1

Es läßt sich statistisch gesichert feststellen, daß ein Zusammenhang zwischen der Durchführung von Gruppensitzungen als partizipativer Erhebungsmethode (B 1105) und der Betroffenenbewertung (B 25) besteht. Der überwiegende Teil der Befragten äußerte sich positiv über das Projekt, so daß die Aussage gemacht werden kann, eine partizipative Erhebung bei der Einführung von IuK-Technologie wirkt sich aus Betroffenensicht positiv auf die Akzeptanz des Systems aus.

Erhebungspartizipation durchführen

Die Erhebung von schwer quantifizierbaren Faktoren in der IuK-Systemgestaltung läßt sich durch Einsatz von Gruppensitzungen unterstützen. Es kommt in der Zusammenstellung der Gruppe darauf an, diejenigen Personen einzubeziehen, die zur jeweiligen Fragestellung den kompetentesten Beitrag liefern können. Bei der Erhebung arbeitsplatzbezogener Angaben in den Fachabteilungen ist das Urteil der späteren IuK-Anwender das Kompetenteste. Deshalb empfiehlt es sich, sie bereits in der Erhebungsphase partizipieren zu lassen. Somit ist ein positiver Einfluß auf die Systemakzeptanz zu erwarten.

Systemgestaltungsbeteiligung (M4)

Beteiligung an der Planung und Systemgestaltung im Zusammenhang mit Personalentlassung

Ein IuK-System tangiert in seinem vollständig installierten Zustand sämtliche Betriebsteile des Unternehmens. Um allen Anforderungen der Abteilungen gerecht zu werden, ist deren Einbeziehung bei der Implementierung der Technologie unverzichtbar. Nach den §§ 90, 91 BetrVG von 1976 ist die Beteiligung des Betriebsrates bei solchen Projekten zur Vertretung der Mitarbeiterinteressen ausdrücklich vorgesehen. Da Betriebsrat und Vertreter der Unternehmensleitung die Gestaltungsfragen für die Arbeitsplätze nicht in allen Einzelheiten übersehen, kann es vorteilhaft sein, externe Fachvertreter in die Planung und Realisation einzubeziehen. Einzelinteressen bedürfen der Koordination und Einbringung in ein Gesamtkonzept. So kann z. B. von der Unternehmensleitung hinsichtlich Personalbedarf beabsichtigt sein, einer anstehenden Erhöhung durch ein neues IuK-System entgegenzuwirken oder nach Systemeinführung Personal langfristig abzubauen. Die Untersuchung des Zusammenhangs zwischen der Beteiligung von Betriebsrat (B 1702) bzw. externen Fachvertretern (B 22) und vorgesehenen personellen Maßnahmen zeigt, daß die Hypothese der Unabhängigkeit mit einem Signifikanzniveau $\alpha = 0{,}1$ verworfen werden kann (Tabelle 4 und Tabelle 5).

Tabelle 4: BR-Beteiligung/ Personalentlassung

H_0: Die Beteiligung des Betriebsrates an der Systemplanung (B 1702) ist unabhängig von Personalentlassungen (B 22)

Merkmal X: Beteiligung Betriebsrat
Attribut a: erfolgt
Attribut b: nicht erfolgt

Merkmal Y: Personalentlassung
Attribut c: nicht vorgesehen
Attribut d: vorgesehen

X \ Y	c	d	$h_{i.}$
a	7	14	21
b	19	13	32
$h_{.j}$	26	27	53

Testvorgabe : $\alpha = 0{,}1$ ==> B = 2,71
Testergebnis : v = 3,44 > B ==> H_1

Die statistische Auswertung läßt jedoch keine eindeutige Ergebnisinterpretation zu. Dazu muß gesondert auf theoretische und praktische Erkenntnisse zurückgegriffen werden.
Die Notwendigkeit der Beteiligung des Betriebsrates an der Systemgestaltung wird vom Gesetzgeber zwar gefordert (§§ 90, 91 BetrVG von 1976), aber von den Unternehmensleitungen offensichtlich nicht immer für praktisch ergiebig angesehen.

Tabelle 5: Beratereinsatz/ Personalentlassung

H_0: Der Beratereinsatz in der Systemgestaltung (B 1705) ist unabhängig von der Personalentlassung (B 22)

Merkmal X: Berater
Attribut a: eingesetzt
Attribut b: nicht eingesetzt

Merkmal Y: Personalentlassung
Attribut c: nicht vorgesehen
Attribut d: vorgesehen

X \ Y	c	d	$h_{i.}$
a	14	8	22
b	12	19	31
$h_{.j}$	26	27	53

Testvorgabe : $\alpha = 0{,}1$ ==> B = 2,71
Testergebnis : v = 3,19 > B ==> H_1

Systemgestaltungsbeteiligung durchführen

Wenn keine große Erfahrung aus ähnlichen Projekten vorliegt, empfiehlt sich die Einbeziehung von externen Beratern, die in Verbindung mit Organisationsexperten des eigenen Unternehmens die Planung durchführen. Durch sie werden zumeist Gestaltungsaspekte eingebracht, die die "Betriebsblindheit" dem eigenen Personal verschließt.

Humanisierungserfolg (M5)

Realisierte Leistungsverbesserung im Vergleich mit der Bewertung durch die Betroffenen

Der Implementierungserfolg von IuK-Technologie kann im betriebswirtschaftlichen Sinn durch quantifizierbare Größen wie Verkürzung von Durchlaufzeiten, Anzahl bearbeiteter Vorgänge je Mitarbeiter vorher/nachher usw. überprüft werden. Damit gelingt ein Nachweis der Wirksamkeit von technisch-organisatorischen Maßnahmen.

Um die Auswirkungen auf den Humanisierungserfolg zu überprüfen, sollte die Meinung der Betroffenen hinsichtlich einer persönlich erlebten Veränderung in der Arbeit mit dem System als Indikator dienen. Die Meinung ist für sich allein gesehen zwar kein Hilfsmittel zur Aufdeckung von Stark- und Schwachstellen, sie kann jedoch als Meßgröße herangezogen werden, um die Wirksamkeit aller getroffenen Maßnahmen zu überprüfen. Die Meinung des Einzelnen wird daher insbesonders durch den Grad der persönlichen Einbeziehung in die Systemgestaltung beeinflußt werden, d.h. wenn jemand mitverantwortlich für einen Systemzustand ist, wird er in seinem Urteil eher auch positive Aspekte hervorheben. Ob tatsächlich ein Zusammenhang zwischen der Verbesserung der Abteilungsleistung nach Einführung des IuK-Systems (B 23) und der Bewertung des Systems durch die Betroffenen besteht, wird mit einem Test auf Unabhängigkeit bei einem Signifikanzniveau $\alpha = 0{,}1$ untersucht (Tabelle 6).

Tabelle 6: Abteilungsleistung/ Systemerfahrungen

H_0: Die Verbesserung der Abteilungsleistung nach Einführung des IuK-Systems (B 23) ist unabhängig von der Systemerfahrung (B 25).

Merkmal X: Systemerfahrungen
Attribut a: positiv
Attribut b: geteilt oder negativ

Merkmal Y: Abteilungsleistung
Attribut c: keine oder geringe Verbesserung
Attribut d: große Verbesserung

X \ Y	c	d	$h_{i.}$
a	8	22	30
b	10	9	18
$h_{.j}$	18	31	49

Testvorgabe : $\alpha = 0{,}1$ ==> B = 2,71
Testergebnis : v = 3,33 > B ==> H_1

Es läßt sich statistisch gesichert feststellen, daß die Betroffenen das Merkmal " Steigerung der Abteilungsleistung" nicht oder zumindest nicht allein als ausschlaggebend für ihre Einstellung gegenüber der Implementierung sehen. Somit muß die Meinungsbildung von anderen Faktoren abhängen. Es kommt zum Ausdruck, daß die Motivation, Leistungsbereitschaft und Akzeptanz des Systems nicht allein von technisch-organisatorischen Größen beeinflußt wird, sondern andere, schwerer quantifizierbare Größen hinzugenommen werden müssen.

Humanisierungserfolg messen

Wird im betriebswirtschaftlichen Sinne eine Leistungssteigerung der Abteilungen durch Einführung des IuK-Systems erreicht, so muß dies nicht bedeuten, daß die Meinung der Betroffenen ebenfalls positiv dazu ist. Dieser Rationalisierungserfolg kann dann von kurzer Dauer sein, wenn die Kommunikation durch technisch-organisatorische Maßnahmen zwar verbessert, aber Humanisierungsgedanken vernachlässigt sind. Mittel- oder langfristig werden die so unzufrieden gewordenen Mitarbeiter durch Leistungsnachlaß in anderen Bereichen einen negativen Ausgleich herbeiführen. Deshalb ist es wichtig, auch den Humanisierungserfolg zu messen und bei unbefriedigenden Ergebnissen eine Änderung herbeizuführen.

6.1.3 Qualifikation

Fähigkeitspotential (M6)

Nutzung des Fähigkeitspotentials der Mitarbeiter als Qualifizierungsstrategie

Durch die langjährige Tätigkeit im Unternehmen und die andauernde Beschäftigung mit speziellen Aspekten in einem Arbeitsgebiet werden bei vielen Mitarbeitern schlummernde Fähigkeiten verdeckt. Beim Einsatz des IuK-Systems, das zum Teil vollkommen neue Technologien in den Büros bedingt, erkennen einzelne Mitarbeiter ihre schlummernden Fähigkeiten

und ein Interesse für den Umgang mit mikroprozessorbestückter Technologie. Diese Erscheinung sollten die Unternehmen als Humanisierungsaspekt nutzen und den Interessenten alle Möglichkeiten bieten, sich mit der Technologie auseinanderzusetzen und durch diese Vorreiterfunktion andere, zurückhaltendere Kollegen ebenfalls zu motivieren. Sollte diese Zielsetzung verfolgt worden sein, so interessiert die Fragestellung, ob auch die Bewertung der Betroffenen positiv ist.
Ob tatsächlich der Zusammenhang zwischen der Nutzung des Fähigkeitspotentials der Mitarbeiter als Qualifizierungsziel (B 3002) und der Bewertung der Betroffenen (B 25) besteht, wird mit einem Test auf Unabhängigkeit mit einem Signifikanzniveau $\alpha = 0{,}05$ untersucht (Tabelle 7).

Tabelle 7: Fähigkeitspotential/ Systemerfahrungen

H_0: Die Nutzung des Fähigkeitspotentials der Mitarbeiter als Qualifizierungsziel (B 3002) ist unabhängig von den Systemerfahrungen (B 25).

Merkmal X: Qualifizierungsziel: Fähigkeitspotential
Attribut a: ja
Attribut b: nein

Merkmal Y: Systemerfahrungen
Attribut c: positiv
Attribut d: geteilt oder negativ

X \ Y	c	d	$h_{i.}$
a	8	22	30
b	10	9	18
$h_{.j}$	18	31	49

Testvorgabe : $\alpha = 0{,}05$ ==> B = 2,71
Testergebnis : v = 5,53 > B ==> H_1

Es läßt sich statistisch gesichert feststellen, daß die Nutzung des Fähigkeitspotentials der Mitarbeiter bei den befragten Personen auf eine positive Resonanz stößt. Damit kommt diesem Humanisierungsaspekt ebenfalls eine Bedeutung als Einflußfaktor auf die Gesamtwirtschaftlichkeit des IuK-Systems zu. Es ist zusätzlich möglich, daß externe Beraterleistungen eingespart werden können, wenn eigene Mitarbeiter durch Entfaltung bisher vernachlässigter Fähigkeiten bei Problemlösungen, die nicht zum Tagesgeschäft gehören, ihren Beitrag leisten können.

Fähigkeitspotential nutzen

Das Aufdecken und die Entfaltung zusätzlicher Fähigkeitspotentiale der Mitarbeiter hat bei der Implementierung von IuK-Technologie einen förderlichen Effekt. Dadurch kann es gelingen, bei einzelnen Personen ein bisher nicht erkanntes Interesse an der Nutzung von mikroprozessorbestückter Technologie zu wecken. Damit wird es zum einen möglich sein, solche Vorreiter in der Innovation als Motivatoren einzusetzen und zum anderen Personal zu besitzen, welches aktiv Systemfehler vermeiden und beheben hilft.

Motivation (M7)

Motivation der Mitarbeiter als Qualifizierungsziel bei der Einführung von IuK-Systemen und Bewertung durch die Betroffenen

Die Motivation der Mitarbeiter gehört zu den schwer quantifizierbaren Größen im Rahmen der Implementierung von IuK-Technologie. Sie hat jedoch eine sehr große Auswirkung auf den Leistungsbeitrag, den der Einzelne im Umgang mit dem IuK-System erbringt. Ist jemand nicht motiviert, im Sinne des Unternehmens mehr als das Notwendigste zu leisten, so kann auch die modernste Technologie unwirtschaftlich werden, wenn sie von potentiellen Anwendern nicht genutzt wird. Aus diesem Grunde können verschiedene Motivatoren angewendet

werden. Eine Möglichkeit besteht darin, Motivationssteigerungen durch gezielte Qualifizierungsmaßnahmen zu erreichen. Die Mitarbeiter, welche ein Interesse am Einsatz der IuK-Technologie haben, werden in den Bereichen geschult, wo sie selbst Bildungsbedarf erkannt haben bzw. wo Bildungsbedarf aufgrund des Einsatzes der IuK-Technologie zu erkennen ist. Aus diesem verbesserten Informationsstand heraus sind sie eher bereit, aktiv das neue System einzusetzen und auch zur Fehlervermeidung und Abhilfe beizutragen.
Ob tatsächlich der Zusammenhang zwischen der Motivationssteigerung als Qualifizierungszielsetzung (B 3003) und der Bewertung der Betroffenen (B 25) besteht, wird mit einem Test auf Unabhängigkeit bei einem Signifikanzniveau $\alpha = 0{,}1$ untersucht (Tabelle 8).

Tabelle 8: Motivationssteigerung/ Systemerfahrungen

H_0: Die Motivationssteigerung als Qualifizierungsziel (B 3003) ist unabhängig von den Systemerfahrungen (B 25).

Merkmal X: Qualifizierungsziel: Motivationssteigerung
Attribut a: ja
Attribut b: nein

Merkmal Y: Systemerfahrungen
Attribut c: positiv
Attribut d: geteilt oder negativ

X \ Y	c	d	$h_{i.}$
a	19	10	29
b	7	11	18
$h_{.j}$	26	21	47

Testvorgabe : $\alpha = 0{,}1$ ==> B = 2,71
Testergebnis : v = 3,18 > B ==> H_1

Es läßt sich statistisch gesichert feststellen, daß in den Unternehmen, die sich eine Motivationssteigerung der Mitarbeiter durch Qualifizierung zum Ziel gesetzt haben, die Betroffenen eine positive Meinung zum eingesetzten IuK-System haben. Dieses ist die Grundvoraussetzung, um bei auftretenden technischen Schwierigkeiten auf Mithilfe der Betroffenen zur Fehlervermeidung zu hoffen und dem Willen zur Ausnutzung aller Möglichkeiten des Systems zu erhalten.

Motivation aufbauen

Der Nutzungsgrad von IuK-Technologie wird wesentlich durch die Motivation der Mitarbeiter beinflußt, davon Gebrauch zu machen. Deshalb ist es erforderlich, die Motivation zu unterstützen. Eine Möglichkeit besteht darin, Qualifizierung als Motivator zu benutzen. In diesem Fall ist von einem positiven Ergebnis der Systemnutzung auszugehen.

6.1.4 Arbeitsinhalte

Arbeitsinhalte (M8)

Erwartungen und Verlauf des Zeitgewinns für planerische Tätigkeiten

Die Neuordnung der Arbeitsinhalte nach Einführung der IuK-Technologie ist ein wesentliches Instrumentarium zur positiven Beeinflussung des Humanisierungsgeschehens. Es muß Ziel der Nutzung der IuK-Technologie sein, die Freiheitsgrade des Einzelnen zu erweitern im Sinne einer Ausweitung der Persönlichkeitsförderlichkeit durch die neuen Tätigkeiten. Einen Beitrag dazu leistet die Schaffung von zeitlichen Freiräumen für planerische und sonstige Kerntätigkeiten der einzelnen Mitarbeiter. Beispielsweise können folgende Tätigkeiten benutzt werden, um das Leistungsgefühl zu verbessern und die Persönlichkeit zu fördern:

- Arbeiten mit ausreichender Möglichkeit zur Ablauf- und Ergebniskontrolle,
- Arbeiten mit meßbaren und konkret demonstrierbaren Leistungseffekten,

- Arbeiten mit langfristigen beruflichen Aufstiegsperspektiven.

Durch den IuK-Technikeinsatz werden in jedem Fall zeitliche Freiräume geschaffen. Es liegt im Interesse der Unternehmen, diese Freiräume für die Ausweitung planerischer Tätigkeiten zu nutzen. Sei es, daß die mit der neuen Technologie angebotenen Tätigkeiten genutzt werden, oder daß andere rein fachliche Tätigkeiten für den einzelnen hinzugenommen werden. Es besteht ein signifikanter Unterschied zwischen den Stichprobenergebnissen aus Fragebogen A und B (Tabelle 9).

Tabelle 9: Planungs-u. Entscheidungsfreiheit/ Systemerfahrungen

H_0: Die Erwartung bezüglich der Planungs- und Entscheidungsfreiheit (A 2612) sind unabhängig von den Systemerfahrungen (B 2606).

Merkmal X:Gruppenzugehörigkeit
Attribut a) ohne IuK(A)
Attribut b) mit IuK(B)

Merkmal Y: Planungs- und Entscheidungsfreiheit
Attribut c) mehr
Attribut d) nicht mehr

X \ Y	c	d	$h_{i.}$
a	11	36	47
b	22	31	53
$h_{.j}$	33	67	100

Testvorgabe : $\alpha = 0,1$ ==> B = 2,71
Testergebnis : v = 3,695 > B ==> H_1

Der Anteil der Unternehmen aus Fragebogen B, die mehr Planungs- und Entscheidungsfreiheit realisiert sehen, ist höher als der Anteil der Unternehmen aus der Befragung A, die dies nur erwartet haben. Durch den Einsatz der IuK-Technologie können demnach auch Humanisierungsaspekte, wie im vorliegenden Fall die Erweiterung der Planungs- und Entscheidungsfreiheit, realisiert werden. Dies ist als Chance der Arbeitsgestaltung zu begreifen, welche vielen Unternehmen noch nicht bewußt ist.

Arbeitsinhalte erweitern

Der Einsatz von IuK-Technologie bietet neben einer Verkürzung von Kommunikationszeiten auch die Möglichkeit, den Mitarbeitern neue Arbeitsinhalte zu übertragen. Sie sollte die Planungs- und Entscheidungsfreiheit des Einzelnen erhöhen und damit durch die Erhöhung der Leistungsbereitschaft des Individuums zu einer Verbesserung der Gesamtleistung beitragen. Es ist wichtig, diesen Aspekt in die Systemplanung einzubeziehen, so daß die entsprechenden Qualifizierungsmaßnahmen für die Mitarbeiter eingeleitet werden können.

<u>Standardisierung (M9)</u>

EDV-gerechter Ausgangszustand der Ablauforganisation vor Implementierung von IuK-Technologie

Die Implementierung von IuK-Technologie setzt standardisierte Arbeitsabläufe und Informationsträger voraus. Ein besonderes Augenmerk der Standardisierung muß auf die jeweiligen Schnittstellen zu anderen Medien (z. B. bei der Übertragung vom Formular auf die Bildschirmmaske) oder zu anderen Nutzern gelegt werden.

Von großer Bedeutung sind die internen Übermittlungsmodi, Formatangaben und rechentechnische Übertragungsprotokolle. Wenn diese soweit aufgestellt sind, daß ein unternehmensinterner Informationsfluß automatisiert ist, muß die externe Kommunikationsbeziehung durch Aufbau geeigneter Schnittstellen realisiert werden.

Die IuK-systemgerechte Standardisierung verlangt u.U. vom Anwender eine Änderung seiner Arbeitsweise. Wurde beispielsweise bisher eine Information mit Hilfe eines frei formulierten Notizzettels weitergegeben, so sollte diese jetzt in das IuK-System zur automatischen Übertragung eingegeben werden. Dazu sind möglicherweise umständliche Verfahrensschritte notwendig, indem die Information einen Namen, ein Formular, ein Datum, einen Absender, einen Adressaten, Bestimmung der Schriftart und -größe u.a. Beschreibungsmerkmale benötigt, um in das IuK-System aufgenommen werden zu können. Diese zusätzlichen Arbeiten dienen der Standardisierung. Sie verlangen vom Benutzer anfänglich eine Umgewöhnung in der Arbeitsweise mit zunächst größerem Zeitaufwand. Dies zahlt sich jedoch insgesamt aus, da die Arbeitsprozesse im IuK-System beschleunigt ablaufen können. Unter diesen Randbedingungen interessiert die Fragestellung, ob zwischen dem jetzt vorzufindenden Grad der Standardisierung der Arbeitsabläufe (A 10) und den Erwartungen hinsichtlich einer Entlastung von Routinetätigkeiten (A 2601) ein Zusammenhang besteht.

Tabelle 10: Arbeitsablaufstandardisierung/ Entlastung von Routinetätigkeiten

H_0 : Die Standardisierung der Arbeitsabläufe (A 10) ist unabhängig von den Erwartungen zur Entlastung von Routinetätigkeiten (A 2601)

Merkmal X: Standardisierung der Arbeitsabläufe
Attribut a: liegt vor
Attribut b: liegt nicht vor

Merkmal Y: Erwartung zur Entlastung von Routinetätigkeiten
Attribut c: besteht
Attribut d: besteht nicht

X \ Y	c	d	$h_{i.}$
a	18	10	28
b	17	2	19
$h_{.j}$	35	12	47

Testvorgabe : $\alpha = 0,1 \Rightarrow B = 2,71$
Testergebnis : $v = 3,77 > B \Rightarrow H_1$

Die Überprüfung des Zusammenhangs zeigt, daß eine Unabhängigkeit mit einem Signifikanzniveau $\alpha = 0,1$ verworfen werden

kann (Tabelle 10).
Die Unternehmen erwarten je nach praktizierter Standardisierung der Arbeitsabläufe eine Entlastung von Routinetätigkeiten. Der umstellungsbedingte Mehraufwand zur Standardisierung hat keine negative Auswirkung auf die Erwartung einer Reduzierung der Routinetätigkeiten.

Standardisierung herbeiführen

Die Implementierung eines IuK-Systems verlangt eine Anpassung des ablauforganisatorischen Standards. Dies führt während der Umstellungszeit zu zusätzlichem Aufwand, der dem Anwender mitunter ungelegen kommt. Insgesamt zahlt sich diese Investition jedoch aus, denn sie führt zu einer erheblichen Verkürzung der Durchlaufzeit von Geschäftsvorfällen. Die Unternehmen sollten sich deshalb auf ablauforganisatorische Anpassungsmaßnahmen einrichten und die Mitarbeiter über deren Notwendigkeit informieren.

6.2 Technikbezogene Gestaltungsaspekte

Als technikbezogene Elemente werden hier die Ausstattung mit Technologie und ihre Leistungsfähigkeit betrachtet. Dazu sind sowohl Verlässlichkeit und Bedienerfreundlichkeit als auch der Systemstandard in die Untersuchung einbezogen. Die einzelnen zugehörigen Gestaltungsaspekte sind der Abbildung 6-2 zu entnehmen. Näher behandelt werden die mit den Kennziffern (T1) bis (T8) versehenen Aspekte.

6.2.1 Leistungsfähigkeit

Datenerfassung (T1)

> Zusammenhang zwischen der mehrfachen Erfassung von Informationen und der erwarteten Vermeidung dieser Schwachstelle durch Einführung von IuK-Technologie

Bei Nutzung verschiedenartiger Kommunikationsmedien in den einzelnen Abteilungen des Unternehmens ist es häufig der Fall, daß einmal gespeicherte Informationen nicht automatisch weitergegeben werden können, sondern bei den einzelnen Sachbearbeitern neu eingegeben werden bzw. doppelt erfaßt werden müssen, wenn ein jeweils neuer Vorgang bearbeitet werden soll. Dies führt zu redundaten Dateien und zu unnötigen Routinearbeiten für den einzelnen Sachbearbeiter. Zusätzlich wird die Durchlaufzeit ungünstig beeinflußt.

Es wird vermutet, daß in den Unternehmen, in denen diese Medienbrüche und die damit verbundene mehrfache Informationserfassung als Schwachstelle bereits erkannt wurden, von der Einführung der neuen IuK-Technologie positive Effekte hinsichtlich einer Vermeidung von mehrfacher Informationserfassung erwartet werden.

Die Auswertung des Datenmaterials ergibt eine für $\alpha = 0,1$ signifikante Abhängigkeit zwischen dem vorhandenen Rationalisierungsgrad der Informationserfassung und den Erwartungen an die IuK-Technologie (Tabelle 11).

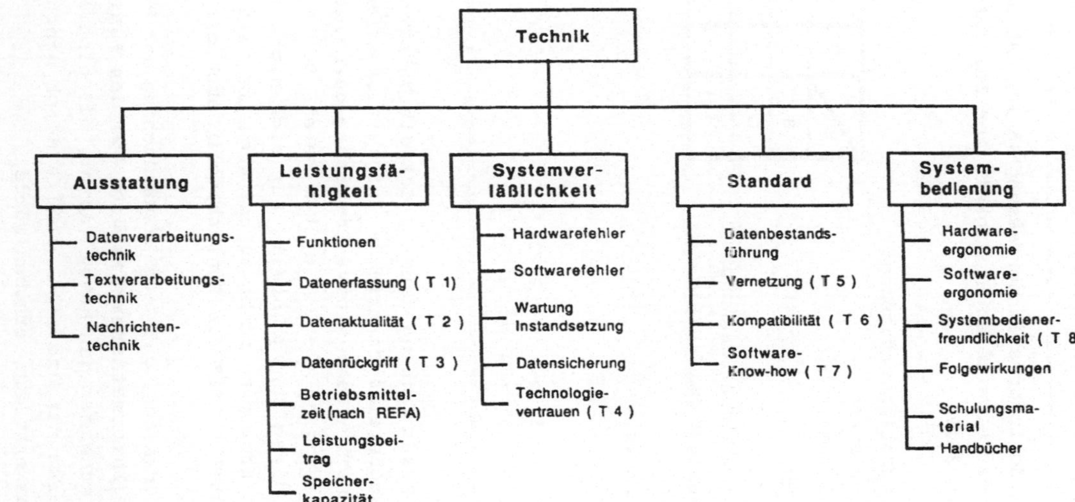

Abb. 6-2: Untersuchte technikbezogene Gestaltungsaspekte

Tabelle 11: Wirklichkeit/ Erwartung zur Informationserfassung

H_0 : Die bestehende Informationserfassung (A 15) ist unabhängig von der erwarteten Häufigkeit der Informationserfassung (A 2617).

Merkmal X: Informationserfassung: Ist-Zustand
Attribut a: mehrmals
Attribut b: einmal

Merkmal Y: Informationserfassung: erwartete Häufigkeit
Attribut c: einmal
Attribut d: mehrmals

X \ Y	c	d	$h_{i.}$
a	19	8	27
b	9	11	20
$h_{.j}$	28	19	47

Testvorgabe : α = 0,1 ==> B = 2,71
Testergebnis : v = 3,07 > B ==> H_1

Es besteht ein Zusammenhang derart, daß die Unternehmen, welche die Schwachstelle "mehrfache Informationserfassung" erkannt haben, auch eine positive Erwartung bezüglich der Informationserfassung an das IuK-System haben. Bei den Unternehmen, die diese Schwachstelle für sich nicht sehen, scheint auch die Erwartung nicht zu bestehen. Es wird dabei ungeprüft unterstellt, daß die Schwachstelle auch gar nicht besteht.

Deshalb wäre zu erwarten, daß eine Bewußtmachung der Problematik "mehrfache Informationserfassung" bei den Führungskräften der Unternehmen den Anteil derer, die eine solche Schwachstelle erkennen und sich Abhilfe durch Einführung eines IuK-Systems erhoffen, erhöhen würde.

Datenerfassung überprüfen

Den Unternehmen wird eine doppelte Informationserfassung dann bewußt, wenn eine Überprüfung der Ablauforganisation hinsichtlich doppelter Datenerfassung erfolgt. Ist eine solche Schwachstelle erkannt, so verstärkt sich das Bedürfnis, diese durch Einsatz eines neuen IuK-Systems durch automatischen Datentransfer zu beseitigen.

Datenaktualität (T2)

Zusammenhang zwischen der Aktualität von Kalkulationsdaten und Störungen

In der Kalkulation können ähnliche Vorgeschäfte zur Ermittlung der Angebotspreise herangezogen werden. Somit sollten Kalkulatoren Zugriff auf derartige Informationen besitzen, um eine aktuelle Anfrage rasch beantworten zu können. Voraussetzung hierfür ist jedoch nicht nur ein zentraler Datenbestand mit transparenter Dokumentation sowie standardisierte Formblätter oder Bildschirmmasken, die zum Aufbau einer solchen Dokumentation verwendet werden, sondern auch eine stetige Aktualisierung der Kalkulationsdaten. Sollte die Aktualisierung vernachlässigt werden oder nur in sehr unregelmäßigen Abständen erfolgen, führt dies zu einer Verunsicherung der Kalkulatoren. Infolgedessen werden sie sich die Informationen direkt in den entsprechenden Abteilungen besorgen, so daß es dort immer wieder zu Störungen kommt, die Arbeitsunterbrechungen nach sich ziehen.
Ob tatsächlich der Zusammenhang zwischen den auftretenden Störungen zwischen den Abteilungen (A 8) und der Aktualisierung der Kalkulationsdaten (A 23) besteht, wird mit einem Test auf Unabhängigkeit bei einem Signifikanzniveau $\alpha = 0{,}05$ untersucht (Tabelle 12).

Tabelle 12: Kooperationsstörungen/ Kalkulationsdatenaktualisierung

H_0 : Auftretende Störungen zwischen den Abteilungen (A 8) sind unabhängig von der Aktualisierung der Kalkulationsdaten (A 23).

Merkmal X: Aktualisierung der Kalkulationsdaten
Attribut a: ja
Attribut b: nein

Merkmal Y: Störungen zwischen Abteilungen
Attribut c: treten auf
Attribut d: treten zum Teil auf
Attribut e: treten nicht auf

X \ Y	c	d	e	$h_{i.}$
a	18	15	2	35
b	5	3	4	12
$h_{.j}$	23	18	6	47

Testvorgabe : $\alpha = 0,05 \implies B = 2,71$
Testergebnis : $v = 6,26 > B \implies H_1$

Es läßt sich statistisch gesichert feststellen, daß Störungen immer dann auftreten, wenn die Mitarbeiter der Meinung waren, daß die Kalkulationsdaten aktualisiert werden müßten. Durch Beseitigung dieser Schwachstelle mit organisatorischen Maßnahmen, die zu einer Aktualisierung der Kalkulationsunterlagen führen, müßten sich gleichzeitig Störungen in den anderen Abteilungen reduzieren lassen.

Datenaktualität gewährleisten

Mangelnde Datenaktualität ist eine Ursache für abteilungsübergreifende Störungen. Es muß mit Hilfe des IuK-Systems erreicht werden, daß jeder Mitarbeiter die für den Arbeitsablauf benötigten Informationen rasch und unkompliziert erhalten kann. Dies setzt Datenbestände, die ständig aktuell gehalten werden müssen, voraus. Dabei ist es unerheblich, ob der Datenbestand zentral geführt wird oder dezentral an Einzelarbeitsplatzsystemen. Die Datenaktualität muß dann automatisch gewährleistet sein, wenn neue Fertigungstechnologie eingesetzt wird, die zu neuen Ablaufzeiten und Betriebsmittelkosten führt, oder wenn Rohstoffpreise der Kalkulation zugrunde liegen, die einer wöchentlichen oder täglichen Änderung unterliegen.

Datenrückgriff (T3)

Technisch-organisatorische Randbedingungen zum schnellen Zugriff auf gespeicherte Daten

Bei der Angebotsbearbeitung können Dokumente über ähnliche Vorgeschäfte zur Ermittlung des aktuellen Angebotspreises hinzugezogen werden. Dazu ist ein rascher Zugriff auf die gewünschten Informationen notwendig. Dies setzt einen Datenbestand mit aktuellen Werten und einfache Benutzerführung voraus.
Zur Datenbestandspflege müssen standardisierte Formblätter, deren Inhalt in das System übertragen wird, vorhanden sein oder besser noch Eingaberoutinen vorliegen, die von den Personen, welchen die Informationen vorliegen, gleich eingegeben werden.
Daneben muß das IuK-System über ein angemessenes Antwortzeitverhalten verfügen, damit die Bearbeitung des gesamten Geschäftsvorfalls am besten "Online" abgewickelt werden kann.
Die Unternehmen ohne IuK-Technologie verfügen, wenn sie bisher EDV-Unterstützung hatten, über einen Zentralrechner. Ob ein Zusammenhang zwischen der Rückgriffsmöglichkeit auf Daten von ähnlichen Vorgeschäfte besteht (A 11) und diese Daten gleichzeitig zentral von einem Rechner abgerufen werden können (A 17), wird mit einem Signifikanzniveau $\alpha=0,01$ untersucht (Tabelle 13).

Tabelle 13: Informationsrückgriff/ Datenbestandsführung

H_0 : Der Informationsrückgriff (A 11) ist unabhängig von der Datenbestandsführung (A 17).

Merkmal X: Informationsrückgriff
Attribut a: leicht möglich
Attribut b: schwer möglich

Merkmal Y: Datenbestandsführung
Attribut c: zentral
Attribut d: dezentral

X \ Y	c	d	$h_{i.}$
a	18	13	31
b	5	11	16
$h_{.j}$	23	24	47

Testvorgabe : $\alpha = 0{,}1 \Rightarrow B = 2{,}71$
Testergebnis : $v = 3{,}03 > B \Rightarrow H_1$

Es läßt sich statistisch gesichert feststellen, daß ein leichterer Informationsrückgriff möglich ist, wenn alle zugehörigen Daten zentral vorliegen und abgerufen werden können. Eine zentraler Datenbestand hat den Vorteil, Redundanzen zu vermeiden und die Transparenz für den einzelnen Mitarbeiter zu erhöhen. Dies erfordert eine gut ausgebaute Rechnerkapazität mit Ausfallsicherheit und einem leistungsfähigen Zugriffsverfahren. Damit kann die Durchlaufzeit zur Beantwortung von Kundenanfragen verkürzt werden.
Ob die physikalische Abspeicherung der Daten in spätere IuK-Systeme wiederum zentral erfolgt, ist von sekundärer Bedeutung. Wichtig für den Benutzer ist nur, ob er von seinem Arbeitsplatz mit Hilfe eines Endgerätes alle benötigten Informationen rasch erfragen kann.

Datenrückgriff optimieren

Bei der Einführung eines IuK-Systems sollte dafür gesorgt werden, daß der einzelne Sachbearbeiter die Möglichkeit hat, zur Beantwortung einer aktuellen Kundenanfrage auf ähnliche Vorgeschäfte zurückzugreifen. Ein solcher Rückgriff geschieht effektiver durch Unterstützung des IuK-Systems, in dem z. B. einzelne Parameter des Vorgeschäfts in das neue Angebot automatisch übertragen werden. Ob die Datenbestände zentral abgelegt sind oder physikalisch auf einzelne vernetzte Ablageeinheiten verteilt sind, ist für den Benutzer unerheblich, wenn er nur rasch die gewünschten Informationen erhält.

6.2.2 Systemverlässlichkeit

Technologievertrauen (T4)

> Vertrauen der Mitarbeiter in die neue elektronische Technologie in Abhängigkeit von dem Anwachsen der Papierflut

Von Akzeptanzforschern wurde beobachtet, daß die Anwender der IuK-Technologie sich in der Einführungsphase der Technologie recht unsicher fühlen, ob die elektronisch gespeicherten Daten wirklich dann verfügbar sind, wenn sie gebraucht werden. Denn der Einsatz des elektronischen Massenspeichers verlangt ein Umdenken bei den Anwendern; die Ablage auf Papier als physikalischem Datenträger vermittelt dem Benutzer ein größeres Gefühl der Sicherheit gegen Datenschwund als die auf einem Magnetspeicher gespeicherten Daten. Während man Informationen auf Papier mit festem Vorsatz zerschneiden oder sonstwie vernichten muß, kann eine elektronisch gespeicherte Information bereits durch einen unwillkürlichen Tastenfehldruck gelöscht werden. Daher ist die Möglichkeit, sehr große Datenmengen mit einem Befehl auszulöschen, wesentlich schneller realisiert als die Datenvernichtung in Papierform. Als weiteres Kriterium des Umdenkens kommt das Handling hinzu. Papierunterlagen können übersichtlich ne-

beneinander ausgebreitet werden und vermitteln dem Menschen eine gute Übersichtsinformation. Die elektronischen Daten lassen sich zumeist nur Seitenweise mit einer 23- oder 40-zeiligen Bildschirmmaske aufrufen, wobei ein großer Anteil an Übersichtsinformationen verloren geht. Solange der Benutzer nicht die neue Methode verinnerlicht hat, das Gleiche mit dem IuK- System zu tun, ist sein Unbehagen verständlich. Dies führt häufig dazu, daß die Mitarbeiter viele Informationen zusätzlich ausdrucken lassen, um Sicherheit gegen Datenverlust zu bekommen beziehungsweise nach gewohnter Methode Übersichtsinformationen zu gewinnen.
Unter diesem Aspekt soll geprüft werden, ob die Unternehmen ein Anwachsen der Papierflut (A 2609, A 2610) durch die Einführung von elektronischer Technologie erwarten.
Es kann mit einem Signifikanzniveau $\alpha = 0,01$ nachgewiesen werden, daß weniger als die Hälfte der Unternehmen ein Anwachsen der Papierflut erwarten (Tabelle 14).

Tabelle 14: Anwachsen der Papierflut

Ein Anwachsen der Papierflut (A 2609, A 2610) wird nur von dem kleineren Anteil der Unternehmen erwartet.

Untersuchungsdaten: 17 von 47 Unternehmen erwarten ein Anwachsen der Papierflut: $\hat{p} = 0,36$

Vertrauensbereich: $P(0,22 \leq p \leq 0,50) = 0,9$

Die tatsächlichen Erfahrungen der Unternehmen im Umgang mit elektronischer Technologie zeigen auch, daß weniger als die Hälfte der Unternehmen eine Vergrößerung der Papierflut feststellen (Tabelle 15). Dies kann bedeuten, daß mittlerweile die Unternehmensmitglieder sich an die Arbeit mit der IuK-Technologie gewöhnt haben und keinen Wert auf einen zusätzlichen Papierausdruck legen.

Die Erwartungshaltung bei den Unternehmen ohne IuK-Technologie verhält sich ähnlich wie die realisierten Werte erscheinen. Dies drückt sich dadurch aus, daß die Nullhypothese nicht widerlegt wird (Tabelle 16).

Tabelle 15: Vergrößerte Papierflut

Eine Vergrößerung der Papierflut (B 2608) wird in den meisten Unternehmen nicht festgestellt.

Untersuchungsdaten: 16 von 53 Unternehmen stellen eine Vergrößerung der Papierflut fest: $\hat{p} = 0,3$

Vertrauensbereich: $P(0,22 \leq p \leq 0,38) = 0,9$

Tabelle 16: Wirklichkeit/ Erwartungen der Papierflutvergrößerung

---

H_0: Das festgestellte Anwachsen der Papierflut (B 2608) ist unabhängig von den Erwartungen hinsichtlich einer Papierflutvergrößerung (A 2610).

Merkmal X: Gruppenzugehörigkeit
Attribut a: ohne IuK (A)
Attribut b: mit IuK (B)

Merkmal Y: Papierflut
Attribut c: größer
Attribut d: nicht größer

X \ Y	c	d	$h_{i.}$
a	17	30	47
b	16	37	53
$h_{.j}$	33	67	100

Testvorgabe : $\alpha = 0,1 \Longrightarrow B = 2,71$
Testergebnis : $v = 0,40 < B \Longrightarrow H_0$

Technologievertrauen herstellen

Der Umgang mit IuK-Technologie bringt einige Änderungen im Umgang mit Datenspeicherungsmedien mit sich. Wenn vorausgesetzt wird, daß eine technische Ausfallsicherheit besteht, so ist die wichtigste Voraussetzung zur Benutzerakzeptanz gegeben. Es muß für ein planvolles Umlernen vom Umgang mit papiergespeicherter Information zum Umgang mit elektronisch gespeicherter Information gesorgt werden. Dann sind die wesentlichen Hindernisse zur Gewinnung des Vertrauens in die IuK-Technologie beseitigt.

6.2.3 Standard

Datenbestandsführung (T5)

Zusammenhang zwischen der Standardisierung der Arbeitsabläufe und der Art der Datenbestandsführung

Mit dem Einsatz von Datenverarbeitungstechnologie (DV-Technologie) wurde bisher bei vielen betrieblichen Arbeitsabläufen gleichzeitig ein erhöhter Formalisierungsgrad und eine Standardisierung der Belegflüße an die Normen der der DV-Technologie erforderlich. Liegt ein hoher Standardisierungsgrad vor, so ist es relativ leicht, einen Übergang von einem traditionellen Belegfluß zu einem DV-gestützten herzustellen. Ist dies nicht der Fall, so muß zuerst der bestehende Arbeitsablauf überdacht und eine neue Normung herbeigeführt werden. Beim Einsatz von IuK-Technologie wird neben dem standardisierten Belegfluß, der darum elektronisch erfolgen soll, eine Zugriffsregelung für alle Kommunikationsteilnehmer erforderlich. Es handelt sich bei der Entscheidung für oder gegen eine zentrale Datenbestandsführung um eine unternehmensspezifische, denn es werden wesentliche Freiheitsgrade der einzelnen Mitarbeiter im Umgang mit Daten beeinflußt. Neben der alternativen Entscheidung für oder gegen eine zentrale Lösung sind eine Reihe von Mischformen denkbar, nach denen z. B. Tagesdateien am Arbeitsplatz des einzelnen Mitarbeiters gelagert sind oder geänderte Daten periodisch (z. B. jeden Abend) zu einem Up-date an einen Zen-

tralrechner zürückgegeben werden.
Wie die technische Lösung auch ausfällt; erwartet wird in jedem Fall eine weitere Standardisierung der Arbeitsabläufe. Deshalb soll geprüft werden, ob in den Betrieben ohne IuK-Technologie bereits ein solcher Zusammenhang zu verzeichnen ist.
Ob dieser Zusammenhang zwischen der Datenbestandsführung (A 17) und der Standardisierung der Arbeitsabläufe (A 10) besteht, wird mit einem Test auf Unabhängigkeit bei einem Signifikanzniveau $\alpha = 0,05$ untersucht (Tabelle 17).

Tabelle 17: Datenbestandsführung/ Standardisierung der Arbeitsabläufe

H_0 : Die Datenbestandsführung (A 17) ist unabhängig von der Standardisierung der Arbeitsabläufe (A 10).

Merkmal X: Informationsrückgriff
Attribut a: zentral
Attribut b: dezentral

Merkmal Y: Arbeitsabläufe
Attribut c: standardisiert
Attribut d: nicht standardisiert

X \ Y	c	d	$h_{i.}$
a	17	6	23
b	10	14	24
$h_{.j}$	27	20	47

Testvorgabe : $\alpha = 0,05 \Longrightarrow B = 2,71$

Testergebnis : $v = 4,99 > B \Longrightarrow H_1$

Es läßt sich statistisch gesichert feststellen, daß in den Betrieben eine weitere Standardisierung der Arbeitsabläufe vorgenommen wird.
Eine weitere interessierende Fragestellung ist, ob die Art der Datenbestandsführung einen Einfluß auf ein zeitliches Verzögern im Arbeitsablauf ausübt. Auf den ersten Blick er-

scheint eine zentrale Datei einen besseren Austausch der Informationen zu ermöglichen, da alle Nutzer auf einheitliche Daten zugreifen. Bei näherer Betrachtung ist zu erkennen, daß durch lange Antwortzeiten, mangelnde Kompatibilität der Dialogprogramme und andere soft- und hardware-technische Hindernisse die Kommunikation bei der zentralen Datenbestandsführung erschwert wird. Ein Zusammenhang zwischen der Art der Datenbestandsführung (A 17) und auftretenden zeitlichen Verzögerungen (A 18) läßt sich mit einem Signifikanzniveau $\alpha = 0,05$ nachweisen (Tabelle 18).

Tabelle 18: Datenbestandsführung/ Zeitverzögerung

H_0 : Die Datenbestandsführung (A 17) ist unabhängig von der zeitlichen Verzögerung (A 18).

Merkmal X: Datenbestandsführung
Attribut a: zentral
Attribut b: dezentral

Merkmal Y: Zeitverzögerung
Attribut c: ja
Attribut d: nein

X \ Y	c	d	$h_{i.}$
a	11	12	23
b	19	5	24
$h_{.j}$	30	17	47

Testvorgabe : $\alpha = 0,05 \implies B = 3,84$
Testergebnis : $v = 4,99 > B \implies H_1$

Datenbestandsführung anpassen

Die Datenbestandsführung in zentraler oder dezentraler Form steht in Abhängigkeit zum Standardisierungsgrad der Ablauforganisation und beeinflußt die Durchlaufzeiten der Vorgänge. Deshalb sollte bei der Entscheidung für den Einsatz einer IuK-Technologie berücksichtigt werden, welche Vor- und

Nachteile zentrale Lösungen mit sich bringen. Solange die Anwendungssoftware auf zentralen Rechnern keine horizontalen Kommunikationswege zwischen den Programmen zuläßt, können keine zeitlichen Verbesserungen erzielt werden. Bis dieses technische Problem gelöst ist, sollten Mischformen von zentraler und dezentraler Rechnertechnologie zum Einsatz kommen und alle Anwendungen, die einen raschen Informationsaustausch erfordern, über dezentrale Systeme abgewickelt werden.

Vernetzung (T6)

Einfluß der IuK-Technologie auf den Kommunikationsumfang

Je mehr Personen bzw. Abteilungen an der Abwicklung von Geschäftsvorfällen beteiligt sind, desto zahlreicher werden die Kommunikationswege und die Hindernisse für eine termingerechte Abwicklung. Es besteht vor allem die Gefahr, daß nicht wertsteigernde Bestandteile der Durchlaufzeit (Liegezeit, Transportzeit) hier stark zunehmen. Hindernisse sind z.B. an den Schnittstellen der Kommunikation auftretende organisatorische oder technische Mängel. Ein aufbauorganisatorisches Hindernis kann beispielsweise die Zugehörigkeit der Mitarbeiter zu verschiedenen Linienvorgesetzten sein. Ein technisches Hindernis können auftretende Medienbrüche darstellen. Durch die Vernetzung der IuK-Komponenten erhofft man sich hier eine Verbesserung, und zwar vor allem eine Reduzierung der Transport- und Transformationszeiten, sowie die Vermeidung von Medienbrüchen.
Die Datenauswertung zeigt, daß zwischen den Unternehmen ohne integrierte IuK-Systeme (B 606; B 607) und den Unternehmen mit integrierten IuK-Systemen bezüglich der Anzahl der tangierten Abteilungen (B 608; B 609; B 610) eine Abhängigkeit besteht (Tabelle 19).

Tabelle 19: Kommunikationsumfang mit/ ohne integrierter IuK-Technologie

H_0: Bezüglich Kommunikationsumfang (B 7) weisen die Unternehmen mit integrierter IuK-Technologie (B 608; B 609;B 610) nicht die gleichen Verhältnisse auf wie Unternehmen ohne integriertes IuK-System (B 606; B 607).

Merkmal X: Anzahl Abteilungen
Attribut a: bis 5 Abt.
Attribut b: mehr als 5 Abt.

Merkmal Y: Integrierte IuK-Technologie
Attribut c: vorhanden
Attribut d: nicht vorhanden

X \ Y	c	d	$h_{i.}$
a	18	10	28
b	9	16	25
$h_{.j}$	27	26	53

Testvorgabe: $\alpha = 0{,}05$ ==> B = 3,84
Testergebnis v = 4,18 > B ==> H_1

Damit werden die Versprechen der Systemhersteller eingelöst, die durch Vernetzung der IuK-Komponenten, Vermeidung von Medienbrüchen und Reduzierung von Transformations- und Transportzeiten einen erweiterten Kommunikationsumfang zulassen und damit für eine Verringerung der Durchlaufzeiten sorgen.

Vernetzung ausnutzen

In den Fällen, in denen IuK-Systemkomponenten miteinander vernetzt sind, besteht die Möglichkeit, die Durchlaufzeiten zu verkürzen und den Kommunikationsumfang zu erweitern. Als Voraussetzung muß Technologie verwendet werden, die ohne Medienbrüche einen Kommunikationsfluß gewährleistet. Dieser Aspekt ist insbesonders bei der Auswahl von IuK-Technologie zu beachten. Dabei sollte sich das Unternehmen nicht auf Versprechungen des Herstellers verlassen, sondern eine funktionierende Pilotinstallation im eigenen Hause verlangen, bevor ein Kaufvertrag unterzeichnet wird.

Software-Know-how (T7)

Inanspruchnahme von Beraterleistungen zur Anpassung von IuK-Software und zur Durchführung einer Systemuntersuchung

Viele klein- und mittelständische Unternehmen bedienen sich externer Beraterleistungen zur Lösung von Aufgaben, die über das Tagesgeschäft hinausgehen und die vom eigenen Personal nicht geleistet werden können.
Sie können deshalb nicht intern durchgeführt werden, da entweder keine Zeit dafür vorhanden ist oder sie aus fachlichen Gründen dazu nicht in der Lage sind.
Die Entwicklung von Software ist ein besonders personalintensives Geschehen, das sich rationell nur mit Spezialisten abwickeln läßt, wenn Anpassungen der käuflichen Software an die bestehende DV-Welt vorgenommen werden sollen. Es soll untersucht werden, ob ein Zusammenhang zwischen der Verwendung von angepaßter Software und der Hinzuziehung von externen Beratern besteht. Es wäre dann eine Aussage möglich, ob die Unternehmen Softwareanpassungen in Eigenleistung erbringen können.
Der Zusammenhang zwischen der vorgenommenen Softwareanpassung (B 904) und der Hinzuziehung von Fremdberatern (B 1202) wird mit einem Test auf Unabhängigkeit bei einem Signifikanzniveau $\alpha = 0{,}01$ nachgewiesen nachgewiesen (Tabelle 20).

Tabelle 20: Softwareanpassung mit/ ohne Fremdberater

H_0 : Die vorgenommene Softwareanpassung (B 904) ist unabhängig von der Hinzuziehung von Fremdberatern (B 1202).

Merkmal X: Softwareanpassung
Attribut a: extern
Attribut b: intern

Merkmal Y: Fremdberater
Attribut c: wirken mit
Attribut d: wirken nicht mit

X \ Y	c	d	$h_{i.}$
a	15	5	20
b	11	22	33
$h_{.j}$	26	27	53

Testvorgabe : $\alpha = 0{,}01 \implies B = 6{,}63$
Testergebnis : $v = 8{,}65 > B \implies H_1$

Diese Datenauswertung zeigt, daß die Unternehmen bei Hinzuziehung eines externen Beraters gleichzeitig auch die Softwareanpassung extern vornehmen lassen und umgekehrt bei einer Systemuntersuchung mit eigenen Mitteln auch die Softwareanpassung selbst vornehmen. Dies deutet auf eine Gruppe von Unternehmen hin, die alle Gestaltungen selbst durchführen, und eine weitere Gruppe von Unternehmen, die sich auf eine externe Unterstützung verlassen.
Es bleibt ungeprüft, wie erfolgreich die Unternehmen mit ihrer jeweiligen Methode operieren und welcher Innovationsgrad von IuK-Technologie jeweils erreicht werden konnte.

Software-Know-how beschaffen

Während der Implementierung von IuK-Technologie sind eine Reihe von Softwareanpassungen vorzunehmen. Je nach Komplexität und Innovationsgrad ist zu prüfen, ob diese Arbeiten mit eigenem Personal geleistet werden können oder ob die Hinzuziehung externer Berater sinnvoller ist. Im zweiten Fall besteht allerdings die Gefahr, sich von den Beratern abhängig zu machen und eine geschäftliche Dauerpartnerschaft herbeizuführen. Es gelingt nur sehr schwer, sich von diesen Beratern wieder zu trennen, wenn die erarbeitete Software nicht sehr gründlich dokumentiert ist oder eigenes Personal im entsprechenden Maß weiterqualifiziert wurde.

6.2.4 Systembedienung

Systembedienerfreundlichkeit (T8)

Zusammenhang zwischen der Bedienerfreundlichkeit und der Bewertung durch die Betroffenen

Die Auslegung und Gestaltung der Benutzeroberflächen von EDV -Systemen (Tastaturfunktionen, Maskengestaltung, Transaktionen, Emulationen usw.) liegt in der Hand von professionellen Systemgestaltern. Sie besitzen umfassende Kenntnisse über Aufbau und Funktionsweise der Geräte. Ihnen sind die für den Laien unverständlichen Programmierbefehle tägliches Handwerkzeug, so daß es ihnen schwerfällt, sich in die Rolle eines Laien in der Benutzung der Systeme hineinzuversetzen. Gelingt es ihnen trotzdem, oder werden die Anforderungen der Benutzer an die Bedienerfreundlichkeit (gem. E DIN 66234) von anderer Seite vorgelegt, so macht die Ausgestaltung eines Dialogprogramms von einem bedienerunfreundlichen aber funktionierenden, zu einem bedienerfreundlichen Programm oftmals denselben Aufwand aus, den es für die reine Funktionsprogrammierung erfordert. Daher muten viele Systemhersteller dem Anwender eine aufwendige Schulung zu, in denen komplizierte Befehlscodes gelernt werden müssen, die sich nur auf das jeweilige System beziehen und bei einem

zweiten wieder völlig neu gelernt werden müssen.
Darin ist eine Ursache für eine mangelnde Akzeptanz beim Benutzer zu vermuten, wenn zudem die Systemschulung nur sehr oberflächlich durch die EDV-Hersteller durchgeführt wird und die später ausgegebenen Handbücher keine ausreichende Schulungshilfe sind bzw. nicht genügend Interpretationshilfen für die Systemzustände geben.
Vor diesem Hintergrund soll untersucht werden, ob ein Zusammenhang zwischen der Meinung der Systemanwender (entweder positiv oder geteilt) und der Aussage zur Bedienerfreundlichkeit besteht.
Ob tatsächlich der Zusammenhang zwischen der Bewertung des Systems (B 25) und den Aussagen zur Bedienerfreundlichkeit (B 2601; B 2604) besteht, wird mit einem Test auf Unabhängigkeit bei einem Signifikanzniveau $\alpha = 0,05$ untersucht (Tabelle 21).

Tabelle 21: Systemerfahrungen/ Benutzerfreundlichkeit

H_0: Die Bewertung der Erfahrungen mit dem System durch die Systemnutzer (B 25) ist unabhängig von Aussagen zur Bedienerfreundlichkeit (B 2601, B 2604).

Merkmal X: Bewertung der Systemerfahrungen
Attribut a: positiv
Attribut b: geteilt

Merkmal Y: Benutzerfreundlichkeit
Attribut c: ja
Attribut d: nein

X \ Y	c	d	$h_{i.}$
a	21	9	30
b	7	12	19
$h_{.j}$	28	21	49

Testvorgabe : $\alpha = 0,05 \Longrightarrow B = 3,84$
Testergebnis : $v = 5,22 > B \Longrightarrow H_1$

Es läßt sich statistisch gesichert feststellen, daß die Bewertung des Systems durch die Anwender abhängig von der Bedienerfreundlichkeit ist.
Aus dem jahrelangen Umgang der Anwender mit dem benutzerunfreundlichen System entsteht ein Lernprozeß, so daß die anfänglichen Laien ebenfalls zu Systemspezialisten werden. Sie sehen deshalb der Einführung eines neuen IuK-Systems etwas positiver entgegen. Ihre Erwartungshaltung gegenüber der Benutzerfreundlichkeit ist nicht so hoch, wie sie es als Käufer zum Beispiel von Geräten der Haushaltselektronik (diskplayer, Hifi-Geräte u.ä.) erwarten. Außerdem werden im Laufe der Zeit von den EDV-Herstellern auch Verbesserungen der Benutzerfreundlichkeit durchgeführt, die zwar noch weit von Idealvorstellungen arbeitswissenschaftlicher Erkenntnisse entfernt sind, aber dennoch den Benutzern positiv erscheinen. In Weiterführung dieses Gedankens kann gesagt werden, daß eine Verbesserung der Benutzerfreundlichkeit von IuK-Systemen nicht nur die Akzeptanz beim Anwender verbessert, sondern auch zu einer verbesserten Arbeitszufriedenheit beiträgt.

Systemfreundlichkeit beachten

Die Benutzerfreundlichkeit wirkt sich auf die Systemakzeptanz aus. Deshalb sollte bei der Auswahl eines IuK-Systems neben der Erfüllung der rein funktionalen Bedienungen dieser Aspekt unbedingt berücksicht werden. Zur Realisierung dieser Vorstellung müssen die Anforderungen an die Bedienerfreundlichkeit - aufbauend auf arbeitswissenschaftlichen Erkenntnissen - vom Benutzer definiert werden und bei der Systemauswahl einbezogen werden. Beispielsweise muß gefordert werden, daß der Systemhersteller geeignete Qualifizierungsmaßnahmen anbieten kann, die dem Anwender das "training on the job" erheblich verkürzen. Die Bedienerhandbücher sollen leicht verständlich geschrieben und alle Systemzustände mit Hilfsmaßnahmen gekennzeichnet sein. Sie sollen insbesondere bei fehlerhaften Zuständen Hinweise geben, wie das Problem gelöst werden kann oder zumindest Folgefehler vermieden werden.

6.3 Organisations-bezogene Gestaltungsaspekte

Die organisationsbezogenen Gestaltungsaspekte, die näher behandelt wurden, sind mit den Kennziffern (O1) bis (O13) in der Abbildung 6-3 versehen.

6.3.1 Unternehmensspezifikation

Mitarbeiteranzahl (O1)

Beschäftigtenzahl in den direkten und indirekten Bereichen

Die Mitarbeiterzahl eines Unternehmens induziert u.a. auch Folgen für das Kommunikationsverhalten. Je größer eine Unternehmensorganisation ist, desto formaler müssen die Arbeitsabläufe strukturiert werden und desto schwerer tun sich die Organisationsmitglieder in der abteilungsübergreifenden Kommunikation. Die Großrechnertechnologie hat in der Vergangenheit arbeitsteilige Aufbauorganisationsformen gefördert, da eine integrierte Nutzung durch ein Informationsaustausch nur bedingt möglich war. Die Ursache hierfür ist in den notwendigen EDV-Spezialkenntnissen zu sehen, die jeder Sachbearbeiter für die Nutzung seiner Anwendung besitzen muß, welche jedoch nur selten standardisiert auf andere Arbeitsplätze übertragbar sind.

Die neuen IuK-Technologien sollen diese Situation aufheben. Durch eine Softwareausstattung, die vorhandene Utensilien auf dem Schreibtisch (Akten, Radiergummi, Notizzettel usw.) elektronisch nachbildet, wird es für EDV-Laien wesentlich leichter, eine Vorstellung über die elektronische Kommunikation zu entwickeln, da sie den eigenen Vorstellungen bei der bisherigen manuellen Arbeitsweise sehr nahe kommt (vgl. WIDDEL/KASTER in BULLINGER 1985, S.230). Wenn alle Abteilungen, die miteinander kommunizieren, über eine solche Ausstattung verfügen, so kann der Kommunikationsfluß wesentlich verbessert werden. Der Einsatz der IuK-Technologie ist in erster Linie für große und mittelständische Unternehmen interessant, in denen abteilungsübergreifend kommuniziert wer-

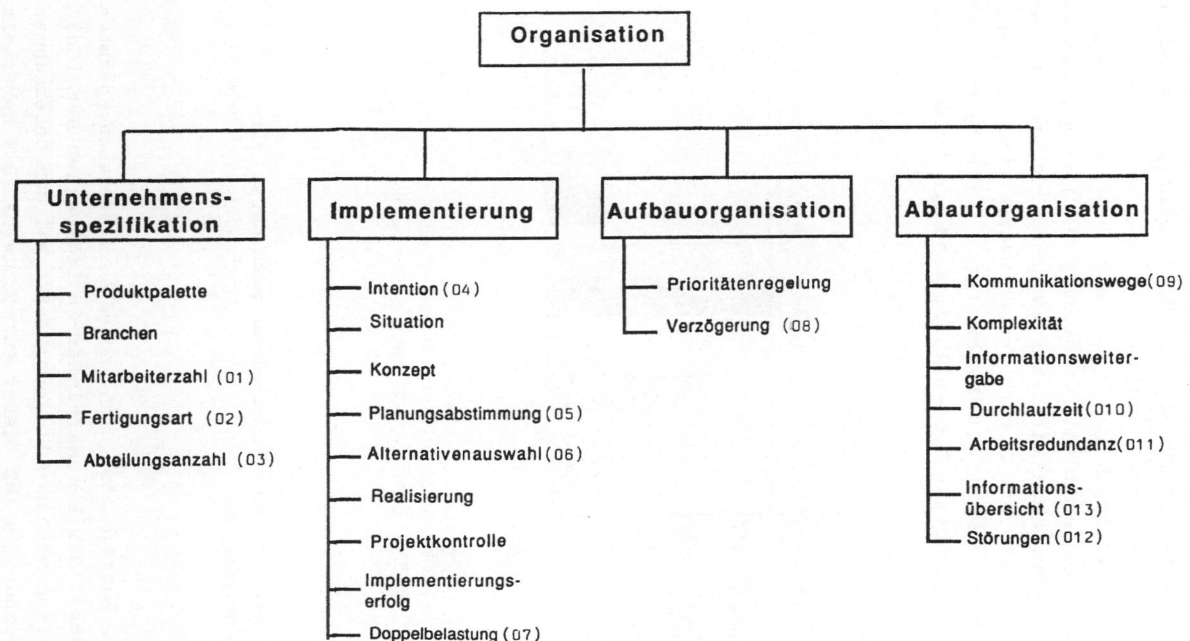

Abb. 6-3: Untersuchte organisationsbezogene Gestaltungsaspekte

den soll. Diese Behauptung soll durch die Häufigkeitsanalyse der befragten Unternehmen überprüft werden.
Der Häufigkeitsvergleich zwischen den befragten Unternehmen mit und ohne IuK-Technologie (Abbildung 6-4) zeigt, daß im Bereich der Gesamtmitarbeiterzahl zwischen 100 und 500 der Anteil etwa gleich ist. Es gibt jedoch mehr kleine Unternehmen, die noch keine IuK-Technologie einsetzen, bei Unternehmen der oberen Größenklasse sind die Verhältnisse umgekehrt.

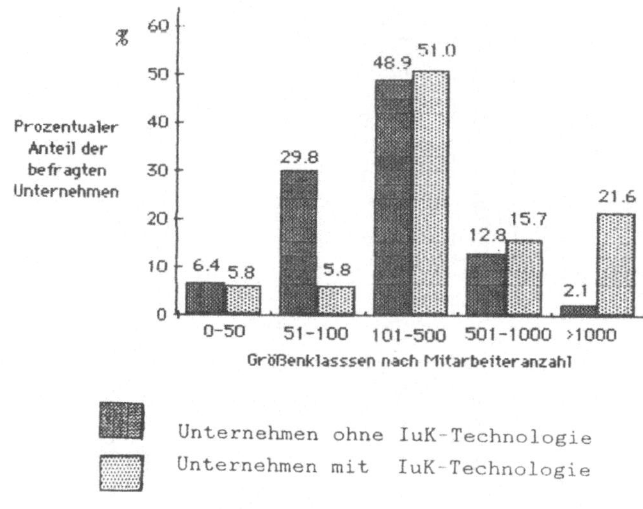

Abb. 6-4: Verteilung der Unternehmen nach Gesamtmitarbeiterzahl

Eine weitere Aussage läßt sich anhand der Untersuchungsdaten über den Anteil der Beschäftigten in indirekten Bereichen der Unternehmen machen (Abbildung 6-5). Bei den Unternehmen mit IuK- Technologie ist dieser Anteil um ca. 5 % höher als bei den anderen Unternehmen.

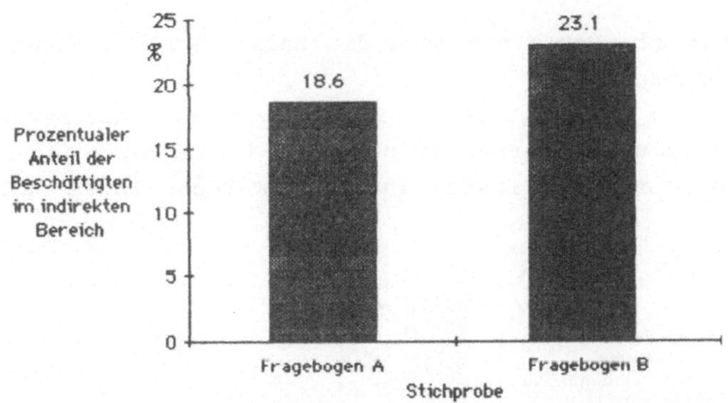

Abb. 6-5: Häufigkeitsvergleich der Beschäftigtenanzahl im indirekten Bereich bei den befragten Unternehmen

Die Mitarbeiterzahl im Unternehmen hat einen Einfluß auf das Kommunikationsverhalten. Je mehr Organisationsmitglieder miteinander korrespondieren müssen, desto eher ist ein Bedarf für den Einsatz von IuK-Technologie zu erwarten. Die Voraussetzung dafür ist, daß die Mitarbeiter einen leichten Zugang zur Nutzung der Technologie erhalten, da es somit zu mangelnder Akzeptanz kommt.
Bei Unternehmen mit abteilungsübergreifender Kommunikation ist der Bedarf an IuK-Technologie höher als bei Unternehmen ohne abteilungsübergreifende Kommunikation.
Deshalb werden sie zuerst den Technikeinsatz anstreben. Die damit gemachten Erfahrungen können den übrigen Unternehmen zur Orientierung dienen, in welcher Form die Kommunikation im eigenen Haus wohl am besten unterstützt wird.

Fertigungsart (O2)

Massengüterproduktion oder Auftragsfertigung

Das Investitionsgüter produzierende Gewerbe fertigt in der Regel nicht marktorientiert, wie bei der Herstellung von Massenverbrauchsgütern, sondern auftragsorientiert nach Kundenwünschen. Es wurden mittlere und und kleinere Unternehmen

untersucht, von denen etwa die Hälfte schon IuK-Technolgie eingeführt hat.
Abbildung 6-6 zeigt den Häufigkeitsvergleich der Fertigungsarten in den Unternehmen ohne IuK-Technologie (A) und den Unternehmen mit installierter IuK-Technologie (B).

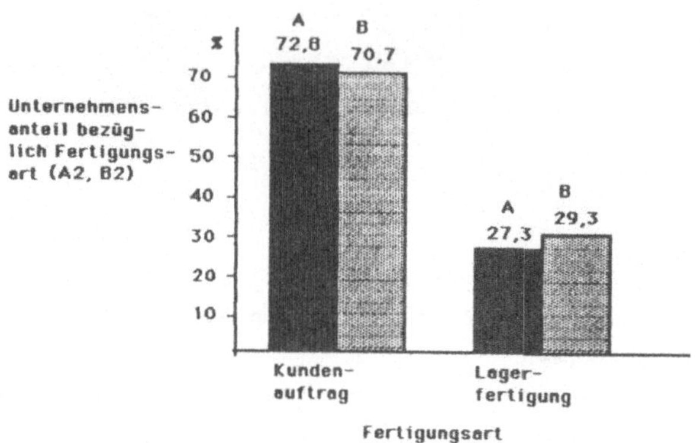

Abb. 6-6: Häufigkeitsverteilung der Fertigungsarten

Der Hauptteil der Fertigung wird kundenauftragsbezogen abgewickelt, der Rest auf Lager gefertigt. Diese Verteilung gilt in beiden Unternehmensstichproben gleichermaßen, womit hinsichtlich der Ausgangsvoraussetzung "Fertigungsart" gleiche Bedingungen gelten. Die Fertigungsart "Kundenauftrag" stellt hohe Anforderungen an die Kommunikationsfähigkeit und Flexibilität von Mensch, Technik und Organisation, da sehr viele Fertigungsschritte und Arbeitsabläufe individuell geplant und durchgeführt werden müssen. Ein besonderer Gestaltungsaspekt ist die Interpretation der drei o.g. Faktoren, da nur durch effektives Zusammenwirken eine positive Wirkung auf einen raschen Anfragen- bzw. Auftragsdurchlauf erzielt werden kann.

Abteilungsanzahl (O3)

Anzahl der betrieblichen Abteilungen, die im ständigen Kommunikationsprozeß zur Anfragen- und Auftragsabwicklung stehen

Während bei überschaubaren Organisationseinheiten (in der Größenordnung von 5 bis 8 Personen) weitgehend face-to-face kommuniziert wird, ist bei abteilungsübergreifender Kommunikation die Unterstützung durch organisatorisch-technische Hilfsmittel erforderlich. Je größer die Anzahl der Abteilungen ist, desto länger sind die Informationswege mit entsprechend langen Durchlaufzeiten. Diese lassen sich wesentlich durch automatische Informationsträgersysteme verkürzen. Dabei ist die Informationsweiterleitung mit Hilfe elektronischer Systeme in der Schnelligkeit allen anderen Fördereinrichtungen überlegen. Zur Voraussetzung des Einsatzes dieser Systeme gehören eine inhaltliche Datenbankstrukturierung und kompatible Schnittstellen zwischen den Anwendungen der einzelnen Abteilungen.

Im folgenden soll anhand der vorliegenden Daten bei den Unternehmen ohne eingesetzte IuK-Technologie den Bedarf seitens der Anzahl kommunizierender Abteilungen untersucht werden.

Die Auswertung zeigt, daß bei den Antworten (zu Fragebogen A) etwa die Hälfte der Unternehmen mit maximal zwei Abteilungen die Anfragen und Aufträge abwickeln (Abbildung 6-7). Damit erscheint hier ein Bedarf an IuK-Technologie nicht gegeben. Vergleicht man jedoch die dabei beteiligte Personenzahl (Abbildung 6-8), so sind in 66 % der Unternehmen mehr als sechs Personen beteiligt. Dies indiziert eher den Bedarf an IuK-Technologie.

Bei etwa der Hälfte der Unternehmen kann vorausgesetzt werden, daß mehr als drei Abteilungen und mehr als sechs Personen an der Abwicklung der Anfragen und Aufträgen in den indirekten Bereichen beschäftigt sind, sofern die Kommunikation nicht aufgrund gut funktionierenden organisatorischen und klassisch-technischen Maßnahmen abläuft, ist ein Einsatzgebiet für neue IuK-Technologie in den Unternehmen zu sehen. Selbst wenn die Kommunikation innerhalb des Unterneh-

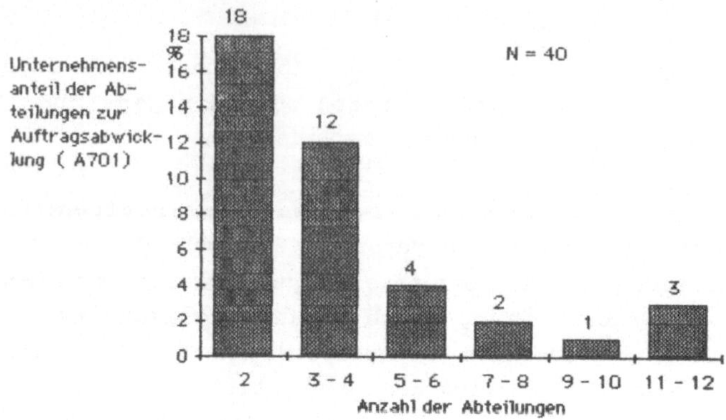

Abb. 6-7: Verteilung der Abteilungsanzahl zur Auftragsabwicklung

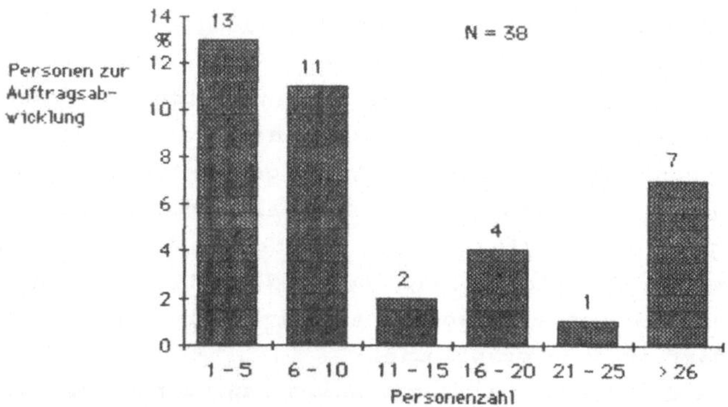

Abb. 6-8: Verteilung der Personenanzahl zur Auftragsabwicklung

mens mit Hilfe klassischer Ausstattung gut abläuft, so werden von außen Erwartungen herangetragen, daß das Unternehmen Btx, Telefax, Teletex und ähnliche Kommunikationsleistungen besitzen muß, um mit Kunden im Gespräch zu bleiben. Spätestens dann wird es unvermeidlich, diese Techniknutzungsmöglichkeit auch innerhalb des Betriebes zu implementieren, damit keine Medienbrüche die Kommunikationswege blockieren. Unternehmen, die bisher ohne die Nutzung von IuK-Technologie ausgekommen sind, sollten sich anhand der Erfahrungen von Anwendern einen Überblick über die Leistungsfähigkeit der Systeme verschaffen und schrittweise mit deren Einsatz beginnen, damit sie nicht durch plötzlichen Wettbewerbsdruck zum unvorbereiteten Handeln gezwungen sind.

6.3.2 Implementierung

Intention (O4)

Zielvorstellungen bei der Implementierung von IuK-Systemen

Die Implementierung von IuK-Technologie kann mit unterschiedlichen Zielvorstellungen vorgenommen werden. In der Vergangenheit wurden zumeist technologische oder rein unternehmerische Zielvorstellungen gesetzt, wobei die Interessen der Technikanwender vernachlässigt wurden. Dies führte häufig zu Akzeptanzproblemen, welche sich bei Nutzung der Kommunikationstechnologie fatal auswirkten. Um diesen Problemen der Implementierung zu begegnen, werden heute auch Humanisierungsziele verfolgt. Solche Ziele sind z.B.

- Erhöhung der Mitarbeiterqualifikation,
- Beteiligung an der Systemgestaltung,
- Erhöhung der Transparenz über betriebliche Abläufe.

Durch die Nutzung der Fähigkeiten des Personals erhofft man sich nicht nur mehr Kooperationsbereitschaft der Mitarbeiter, sondern über die resultierende Motivationssteigerung auch eine verbesserte Gesamtleistung. Die Freiheitsgrade der Arbeit sollen durch die Entlastung von Routinetätigkeiten

erhöht werden.
Das Vorliegen dieser Erwartungshaltung wird durch den approximativen Gaußtest nachgewiesen (Tabelle 22).

==

Tabelle 22: Entlastung von Routinetätigkeiten

==

Eine Entlastung von Routine-Tätigkeiten durch Einführung eines rechnergestützten IuK-Systems (A 2601) wird von den meisten Unternehmen erwartet.

Untersuchungsdaten: 12 von 47 Unternehmen erwarten keine Entlastung von Routinetätigkeiten: $\hat{p} = 0{,}255$

Vertrauensbereich: $P(0{,}12 \leq p \leq 0{,}38) = 0{,}9$

==

So erwarten nur wenige Unternehmen keine Entlastung von Routinetätigkeiten durch die Einführung eines rechnergestützten IuK-Systems (A 2601). Es wird in diesem Sinne nur von wenigen Unternehmen keine humanisierende Wirkung erwartet. Das Ergebnis kann so interpretiert werden, daß die Auswirkung "Humanisierung" nur dann eintritt, wenn sie auch von der Unternehmensleitung gewünscht wird.
Die Aussage kann um den Aspekt der veränderten Planungs- und Entscheidungsfreiheit ergänzt werden (Tabelle 23).

Hierbei wird ebenfalls von nur wenigen Unternehmen nicht mehr Planungs- und Entscheidungsfreiheit für den einzelnen Mitarbeiter erwartet (Tabelle 23).

Tabelle 23: Planungs- u. Entscheidungsfreiheit der Mitarbeiter

Größere Planungs- und Entscheidungsfreiheit für den einzelnen Mitarbeiter (A 2612) wird nur von einem kleinen Anteil der Unternehmen erwartet.

Untersuchungsdaten: 11 von 47 Unternehmen erwarten mehr Planungs- und Entscheidungsfreiheit für ihre Mitarbeiter: $\hat{p} = 0{,}234$.

Vertrauensbereich: $P(0{,}15 \leq p \leq 0{,}31) = 0{,}9$

Das Ergebnis zeigt, daß Humanisierungsaspekte in Form von mehr Planungs- und Entscheidungsspielraum (Job Enrichment) nicht unbedingt verfolgt werden. Ebenso wird der Humanisierungsaspekt "Verbesserung des Leistungsgefühls" von deutlich mehr als der Hälfte der Unternehmen nicht verfolgt (Tabelle 24).

Tabelle 24: Leistungsgefühl der Mitarbeiter

Das Leistungsgefühl der Mitarbeiter zu verbessern (A 2617) ist in den meisten Unternehmen nicht beabsichtigt.

Untersuchungsdaten : 33 von 47 Unternehmen wollen das Leistungsgefühl der Mitarbeiter nicht verbessern: $\hat{p} = 0{,}702$.

Vertrauensbereich: $P(0{,}61 \leq p \leq 0{,}78) = 0{,}9$

Zusammenfassend kann man sagen, daß zwar Unternehmen heute auch Humanisierungsziele verfolgen, aber dennoch die klassischen Rationalisierungsaktivitäten durch Technikeinsatz den Schwerpunkt bilden.

Intention überprüfen

Die klassischen Rationalisierunsziele, mit Hilfe von technisch-organisatorischen Lösungen die Wirtschaftlichkeit von Arbeitssystemen zu erhöhen, müssen um die Humanisierungsziele erweitert werden. Damit können die Chancen, die sich aus den technischen Leistungen ergeben, besser genutzt werden, indem gewonnene Gestaltungsspielräume in motivationssteigernde Faktoren umgesetzt werden.

Deshalb sollten die bisher vernachlässigten Interessen der Systemanwender Eingang in die Zielkriterien finden. Die Verwirklichung der Zielvorstellungen setzt die Bereitschaft aller Managementstufen voraus, sich mit den daraus resultierenden Fragen auseinanderzusetzen und bei Nichtumsetzung eines rein humanwissenschaftlichen Zielkriteriums diese vor den Mitarbeitern zu begründen.

Planungsabstimmung (05)

Verständnis zwischen den Systemgestaltern und der Fachabteilung

Die Implementierungsphase von IuK-Systemen bringt sehr viel Doppelarbeit mit sich, die unter anderem auch auf Abstimmungsnotwendigkeiten zwischen Fachabteilungen und externen Systemgestaltern zurückzuführen ist. Zum einen ist dies darin begründet, daß die beiden Gruppen verschiedene "Sprachen" sprechen, zum anderen kennen die Fachabteilungen die technischen Möglichkeiten und deren Auswirkungen nicht genau genug. Das Resultat ist die oft mangelnde Benutzerfreundlichkeit des Systems. Dies führt zwangsläufig zu Mißverständnissen, die Nutzungsfehler nach sich ziehen und so zu einem Arbeitsmehraufwand sowie einer zusätzlichen Verunsicherung führen.
Es soll nun untersucht werden, ob zwischen der Existenz von Doppelarbeit (Arbeit mit EDV und zugleich manuell zur Sicherung) und der Zusammenarbeit zwischen Systemgestalter und Fachabteilungen ein Zusammenhang besteht.

Ob tatsächlich der Zusammenhang zwischen Doppelarbeit (B 1415) und der Mitwirkung von Beratungsfirmen bei der Systemgestaltung (B 12) besteht, wird mit einem Test auf Unabhängigkeit bei einem Signifikanzniveau $\alpha = 0,05$ untersucht (Tabelle 25).

==

Tabelle 25: Doppelarbeit mit/ ohne Mitwirkung von Beratungsfirmen

==

H_0: Das Auftreten von Doppelarbeit (B1405) ist unabhängig von der Mitwirkung von Beratungsfirmen (B 1705) bei der Systemgestaltung.

Merkmal X: Mitwirkung von Beratungsfirmen
Attribut a: nein
Attribut b: ja

Merkmal Y: Doppelarbeit
Attribut c: ja
Attribut d: nein

X \ Y	c	d	$h_{i.}$
a	8	19	27
b	16	10	26
$h_{.j}$	24	29	53

Testvorgabe : $\alpha = 0,05 \Longrightarrow B = 3,84$
Testergebnis : $v = 5,44 > B \Longrightarrow H_1$

==

Es läßt sich statistisch gesichert feststellen, daß eine deutliche Zunahme der Doppelarbeit erfolgt, wenn Unternehmen mit externen Beratern arbeiten, aber auch eine Verschiebung zu weniger Doppelarbeit, wenn eigene geschulte Mitarbeiter die Systemgestaltung vornehmen. Ursächlich sind die verschiedenen Vorstellungen über die Art der Reorganisation, sowie eine fehlende Kenntnis der unternehmensspezifischen Charakteristika seitens der externen Berater.

Planungsabstimmung herbeiführen

Dies unterstreicht die Notwendigkeit, eine Planungsabstimmung herbeizuführen. Dazu gehört ein ständiger Gedankenaustausch zwischen den Systemgestaltern und den Anwendern der Technologie. Es muß eine gemeinsame Sprache gefunden werden, damit die beteiligten Personengruppen nicht aneinander vorbeireden. Hierbei könnten Methoden der Gruppengesprächstechnik einen wichtigen Beitrag leisten. Für den Bereich der technischen Systemgestaltung (Aufbau von Masken, Transaktionen u.ä.) bieten sich Prototyping - Verfahren als Planungshilfsmittel an, um die gemeinsame Sprache zwischen Systemgestalter und Anwendern herzustellen.

Alternativenauswahl (06)

Aufstellung von Auswahlkriterien und Bewertung der Alternativen durch Betroffene aus dem Unternehmen

Die Implementierung der IuK-Technologie läßt für die Spezifika jeweils technisch-organisatorische Gestaltungsalternativen zu, welche im Rahmen der Auswahl einer Alternativenbewertung unterzogen werden müssen.
Diese Auswahl kann durch Diskussion bzw. Abstimmung mit den späteren Anwendern oder durch funktionswertanalytische bzw. nutzwertanalytische Betrachtungen erfolgen. Dazu sind jedoch Beschreibungsmerkmale nötig, die den zukünftigen Zustand charakterisieren und für jeden verständlich darzustellen sind. Wichtig ist auch, die Anwender über die möglichen Folgen aufzuklären, da es sonst zu Akzeptanzproblemen kommen kann, welche die Bereitschaft zu einer aktiven Mitarbeit sehr stark herabsetzt und sogar zu passivem Widerstand führen kann.
Es soll mit Hilfe der Konfigurationsfrequenzanalyse geprüft werden, welcher Entscheidungsprozeß zur Alternativenauswahl aus Sicht der Betroffenen zu bevorzugen ist. Die Untersuchung gilt den Fragen der Beteiligung an der Bewertung von Alternativen (B 2001, B 2002) und der Bewertung nach analytischer Methode (B 2004, B 2005) sowie den Fragen nach der Akzeptanz der Vorgehensweise und des Systems (B 2501, B 2502). Die Frequenzanalyse ergab eine bei $\alpha = 0,05$ signifikante Konfiguration (Tabelle 26), nach der eine analytisch bewertete Lösung bei den Betroffenen den größten Anklang findet.

Tabelle 26: Beteiligung/ Analytische Bewertung/ Akzeptanz

1) Signifikanzniveau $\alpha = 0,05$

2) Konfigurationsfrequenzanalyse

	X Y Z	beobachtete Frequenzen	Erwartungswert der Frequenzen	χ^2
I	1 1 1	4	7,89	1,91
II	1 1 0	5	5,49	0,04
III	1 0 1	11	9,21	0,35
IV	1 0 0	9	6,41	1,05
V	0 1 1	8	2,72	10,24
VI	0 1 0	1	1,89	0,42
VII	0 0 1	0	3,18	3,18
VIII	0 0 0	1	2,21	0,66

X: Beteiligung bei der Bewertung (B 2001 $\vee$ B 2002)
Y: Bewertung nach analytischer Methode (B 2004 $\vee$ B 2005)
Z: positive Meinung der Betroffenen (B 2501 $\vee$ B 2502)

3) Testfunktionswert v = 10,24

4) Verwerfungsbereich B = 9,49

5) Entscheidung: Wegen v > B wird Konfiguration V identifiziert

Zielvielfalt und eine Ausgewogenheit der Bewertungsschritte sind hierfür wohl als Gründe maßgebend. Damit wird der Entscheidungsprozeß viel transparenter. Mit Hilfe einer analytischen Bewertung kann sich jeder Einzelne ein Urteil für sich selbst bilden und durch die statistische Auswertung ein transparentes Gesamturteil gebildet werden.

Alternativenbewertung analytisch durchführen

Die an der Entscheidung über das IuK-System beteiligten Personen sollten Bewertungskriterien für das Konzept aufstellen, die anschließend als Meßleiste für verschiedene technisch-organisatorische Alternativen zur Verfügung stehen. Die Alternativen erhalten für jedes Kriterium Erfüllungsgrade zugeordnet, welche von den Entscheidungsträgern subjektiv vergeben werden. Aus der Summe aller Einzelbewertungen wird eine Gesamtbewertung aufgestellt, die den transparenten Entscheidungsprozeß dokumentiert. Somit ist gewährleistet, daß alle Beteiligten ihre Meinung zu den einzelnen Alternativen kundtun können, ohne daß ein Beitrag verloren gehen kann.

Doppelbelastung (07)

Durchführung der Arbeiten des Tagesgeschäftes mit dem neuen IuK-System und konventionell zur Sicherung

Die Nutzung eines neuen IuK-Systems ist nicht von "heute auf morgen" zu lernen, sondern geschieht in der Praxis ganz allmählich. Während dieser Übergangsphase befinden sich Informationen in Form von Daten, Texten, Zeichnungen u.ä. sowohl auf den konventionellen Datenträgern (Akten, Karteien, Zeichnungen) als auch auf neuen Datenträgern (Magnetband, Disketten, CD-ROM's u.ä.). Da jedoch nicht alle Informationen sofort auf die neuen Speichermedien übertragen werden können, sowie am Anfang noch Bedienungsschwierigkeiten auftreten, führt die Informationsbeschaffung in der Einführungsphase oft zu großen Schwierigkeiten. Zusätzlich tritt bei neuen Systemen immer ein Unsicherheitsfaktor auf, da die Belastung mit aktuellen Massendaten noch nicht erprobt werden kann. Kommt es einmal zu einem technischen Fehler, bei dem wichtige, zeitkritische Informationen verlorengehen, ist der Schaden für das Unternehmen nicht abzuschätzen. Deshalb werden aus Sicherheitsgründen die Vorgänge in der Übergangszeit sowohl mit konventioneller als auch mit neuer Technologie parallel durchgeführt.
Unter diesem Aspekt soll geprüft werden, wieviele Unternehmen ohne IuK-Technologie eine Doppelbelastung erwarten, d.h. wie realistisch die Unternehmen die Probleme bei Einführung neuer IuK-Technologie sehen (A 2614) und bei wievielen Unternehmen während der Einführungsphase tatsächlich eine Doppelbelastung aufgetreten ist (B 1415).

Das Ergebnis der Antworten zu den Fragen, ob eine Doppelbelastung bei der Einführung neuer IuK-Technologie erwartet wird (A 2614)(Tabelle 27) und ob eine Doppelbelastung tatsächlich eingetreten ist (B 1405)(Tabelle 28) repräsentiert ein ausgewogenes Verhältnis, d.h. etwa die Hälfte der Unternehmen ohne IuK-Technologie erwarten Doppelbelastungen, und bei den anderen Unternehmen mit IuK-Technologie ist eine Doppelbelastung in diesem Maß tatsächlich aufgetreten.

==

Tabelle 27: Erwartete Doppelbelastung bei IuK-Einführung

==

Die Unternehmen erwarten Doppelbelastungen bei der Einführung neuer IuK-Technologie (A 2614).

Untersuchungsdaten: 23 von 47 Unternehmen erwarten Doppelbelastungen in der IuK-Einführungsphase : $\hat{p} = 0{,}49$.

Vertrauensbereich: $P(0{,}4 \leq p \leq 0{,}58) = 0{,}9$

==

==

Tabelle 28: Eingetretene Doppelbelastung bei der IuK-Einführung

==

In der der IuK-Einführungsphase sind Doppelbelastungen eingetreten (B 1405).

Untersuchungsdaten: Bei 21 von 53 Unternehmen traten Doppelbelastungen auf: $\hat{p} = 0{,}39$.

Vertrauensbereich: $P(0{,}3 \leq p \leq 0{,}48) = 0{,}9$

==

Ein Unterschied zwischen den Erwartungen und Erfahrungen hinsichtlich des Anfalls an Doppelbelastung läßt sich nicht feststellen (Tabelle 29). D. h. die Unternehmen schätzen die

Konsequenzen realistisch ein. Eine Diskrepanz zwischen den Unternehmenstypen hätte dagegen eine Fehleinschätzung vermuten lassen.

Tabelle 29: Erwartung/ Erfahrung bzgl. Doppelbelastung

H_0: Die Erwartungen hinsichtlich der Doppelbelastung (A 2604) entsprechen den Erfahrungen.

Merkmal X: Gruppenzugehörigkeit
Attribut a: ohne IuK (A)
Attribut b: mit IuK (B)

Merkmal Y: Doppelbelastung
Attribut c: eingetreten
Attribut d: nicht eingetreten

X \ Y	c	d	$h_{i.}$
a	23	24	47
b	21	32	53
$h_{.j}$	44	56	100

Testvorgabe : $\alpha = 0,1 \Rightarrow B = 2,71$
Testergebnis : $v = 0,54 < B \Rightarrow H_0$

Daß eine Doppelbelastung in einigen Unternehmen nicht auftritt, ist zum Teil damit zu begründen, daß die Vorgänge weniger komplex sind. Eine gewisse Rolle spielt in diesem Zusammenhang sicher auch das Vertrauen in die neue Technologie.

Doppelbelastung reduzieren

Die Doppelbelastung durch redundante Arbeitsvorgänge (elektronische und konventionelle Abwicklung) ist in der Einführungsphase nicht zu vermeiden. Deshalb sollten diese Aspekte in die Implementierungsplanung einbezogen sein und organisatorische und persönliche Maßnahmen vorbereitet werden, um eine reibungsarme Einführungsphase zu gewährleisten.

Dazu bietet es sich u.U. an, arbeitsintensive Tätigkeiten (z.B. Übertragung von konventionellen Daten auf elektronische Speichermedien) extern zu vergeben, damit das Stammpersonal nicht unnötig in der Tagesarbeit gestört wird.

6.3.3 Aufbauorganisation

Verzögerung (O8)

Aufbauorganisatorisch bedingte Verzögerung der Informationsweitergabe

Verzögerungen in der Bearbeitung von Geschäftsvorfällen können verschiedene Ursachen haben. Zum einen können dies Störungen allgemeiner Art sein (individuelle Fehldispositionen oder technische Pannen). Zum anderen können die Störungen ablauforganisatorischer Art sein (Fehlplanung). Eine weitere Verzögerungsquelle ist auch die Aufbauorganisation selbst, da durch Kompetenzüberschneidungen ebenfalls zusätzliche Informationswege ausgelöst werden.

Die Aufbauorganisation einer Unternehmung kann zu Abteilungsegoismen führen, die einen reibungslosen, schnellen und automatischen Informationsaustausch verhindern. Sind z.B. mehrere Abteilungen verschiedenen Vorgesetzten unterstellt, werden sich auch die Prioritäten zur Abarbeitung von Geschäftsvorfällen unterscheiden. Dies führt zu einer Verschiebung der Informationsbearbeitung und -verarbeitung, die sich darin äußert, daß es zu einem Informationsstau in der nächsten Abteilung kommt, da die zur weiteren Bearbeitung benötigten Informationen erst zuletzt eintreffen. Ob tatsächlich der Zusammenhang zwischen der Zuordnung zu einem oder mehreren Vorgesetzten (A6) und der Häufigkeit der auftretenden Verzögerung (A8) besteht, wird mit einem Test auf Unabhängigkeit bei einem Signifikanzniveau $\alpha = 0{,}05$ untersucht (Tabelle 30).

Tabelle 30: Abteilungszuordnung/ Verzögerungen

H_0 : Die Zuordnung der Abteilungen zu einem oder mehreren Vorgesetzten (A 6) ist unabhängig von der Häufigkeit der auftretenden Verzögerungen in der Anfragen- und Auftragsbearbeitung (A 18).

Merkmal X: Abteilungen

Attribut a: ein Vorgesetzter
Attribut b: mehrere Vorgesetzte

Merkmal Y: auftretende Verzögerungen
Attribut c: ja
Attribut d: nein

X \ Y	c	d	$h_{i.}$
a	13	8	21
b	7	19	26
$h_{.j}$	20	27	47

Testvorgabe : $\alpha = 0{,}05 \Rightarrow B = 3{,}84$
Testergebnis : $v = 5{,}82 > B \Rightarrow H_1$

Es läßt sich statistisch gesichert feststellen, daß eine Verzögerung meistens dann auftritt, wenn mehrere Abteilungen der Anfragen- und Auftragsbearbeitung auch mehreren Vorgesetzten zugeordnet sind. Dagegen ist bei der Zuordnung zu einem Vorgesetzten ein reibungsärmerer Informationsfluß zu beobachten.
Das Ergebnis zeigt, daß sich viele Probleme in der Ablauforganisation ergeben, wenn die Aufbauorganisation nicht entspechend angepaßt ist.

Verzögerungen vermeiden

Während der Gestaltung des gesamten IuK-Systems werden aufbauorganisatorische Aspekte behandelt werden müssen. Hierbei muß Sorge dafür getragen werden, daß nicht unnötige Verzögerungen durch Kompetenzüberschneidungen von Vorgesetzten entstehen. Denn durch so entstandene Abteilungsegoismen kann auch ein modernes technisches IuK-System nicht funktionieren. Abhilfe ist durch die konsequente Anwendung von Projektmanagement möglich.

6.3.4 Ablauforganisation

Kommunikationswege (09)

Veränderung der Kommunikationssituation durch Einführung neuer Technologie

Die Kommunikationsprozesse im Unternehmen lassen sich grob in formelle und informelle Kommunikation einteilen. Die formelle Kommunikation beschreibt den Weg laut Ablauforganisationsplan, welche als Richtschnur für die Planung des künftigen IuK-Systems gilt.
Viele Kommunikationsprozesse laufen informell ab. D.h. durch abteilungsübergreifende persönliche Kontakte von Organisationsmitgliedern werden Informationen ausgetauscht, die für ein Funktionieren der Gesamtorganisation sorgen, obwohl diese Kommunikation weder ablauforganisatorisch noch stellenbeschreibungsgemäß vorgesehen ist.
Durch die Implementierung neuer IuK-Technologie werden die Möglichkeiten der formellen und informellen Organisation verändert. Mit der einen Seite werden neue Kommunikationskanäle geöffnet, aber auf der anderen Seite auch informelle Kanäle unterbrochen. Deshalb muß den Organsationsmitgliedern Zeit und Gelegenheit gegeben werden, ihre formelle und informelle Kommunikation mit der neuen Technologie aufzubauen, Chancen zu erkennen und Mißstände abzubauen. In der Übergangsphase sind deshalb Verzögerungen einzukalkulieren.
Welche Erwartungen die Unternehmen in das elektronische Bürokommunikationssystem haben, zeigt die Auswertung der Antworten aus der Frage nach der Verbesserung der innerbetrieblichen Kommunikation (A 2611).
Die Hypothese, weniger als 50% der Unternehmen sehen eine zu langsame Informationsweitergabe für ihren Bereich, wird verworfen (Tabelle 31).

Tabelle 31: Zufriedenstellende/ zu langsame Informationsweitergabe

H_0: Die innerbetrieblich Informationsweitergabe wird in den meisten Unternehmen (> 50%) als zufriedenstellend (A 13) beurteilt.

Testansatz für $p = 0,5$ bei $\alpha = 0,1$ ==> $B = 1,29$

Untersuchungsdaten: In 32 von 47 Unternehmen ist man der Ansicht, daß die innerbetriebliche Informationsweitergabe zu langsam abläuft: $\hat{p} = 0,68$.

Testergebnis: $v = 2,64 > B$ ==> H_1

Die Erwartungen in die IuK-Technologie zur Beseitigung dieser Schwachstelle sind ebenfalls positiv. Denn mehr als 50% erwarten eine Verbesserung der innerbetrieblichen Kommunikation (Tabelle 32).

Tabelle 32: Erwartung einer/ keiner Verbesserung

H_0: Eine Verbesserung der innerbetrieblichen Kommunikation (A 2611) wird von den meisten Unternehmen (> 50%) erwartet.

Testansatz für $P = 0,5$ bei $\alpha = 0,1$ ==> $B = 1,29$

Untersuchungsdaten: In 28 von 47 Unternehmen wird eine Verbesserung der innerbetrieblichen Kommunikation erwartet: $\hat{p} = 0,596$.

Testergebnis: $v = 1,39 > B$ ==> H_1

Ob tatsächlich der Zusammenhang zwischen der Erwartung nach Verbesserung der innerbetrieblichen Kommunikation durch die Einführung neuer IuK-Technologie (A 2611) und dem Istzustand (A 13) besteht, wird mit einem Test auf Unabhängigkeit bei einem Signifikanzniveau $\alpha = 0,1$ untersucht (Tabelle 33). Somit läßt sich statistisch gesichert feststellen, daß eine

Verbesserung durch ein neues IuK-System erhofft wird, wenn die Informationsweitergabe als zu langsam empfunden wird.

Tabelle 33: Informationsweitergabe/ Erwartungshaltung

H_0: Die als zu langsam beurteilte innerbetriebliche Informationsweitergabe (A 13) ist unabhängig von der Erwartungshaltung in bezug auf Verbesserungen der innerbetrieblichen Kommunikation (A 2611).

X \ Y	c	d	$h_{i.}$
a	25	7	32
b	3	12	15
$h_{.j}$	28	19	47

Merkmal X: Informationsweitergabe zu langsam

Attribut a: ja

Attribut b: nein

Merkmal Y: Verbesserung der Kommunikation

Attribut c: erwartet

Attribut d: nicht erwartet

Testvorgabe : $\alpha = 0{,}1 \Longrightarrow B = 6{,}63$

Testergebnis : $v = 14{,}33 > B \Longrightarrow H_1$

Betrachtet man die Ergebnisse des Vergleichs von den Erwartungen nach einer Verbesserung der innerbetrieblichen Kommunikation(A2611) und den Erfahrungen (B 2603) hinsichtlich einer Verbesserung des Kollegenkontaktes, so tritt ein signifikanter Unterschied auf.

Während 61% der befragten Unternehmen ohne IuK-Technologie eine Verbesserung der innerbetrieblichen Kommunikation erwarten, können sogar 96% der Unternehmen mit IuK-Technologie berichten, daß dies eingetreten ist.

Das Ergebnis des Häufigkeitsvergleichs ist ein sehr deutliches Votum dafür, daß sich das Ziel "Verbesserung der betrieblichen Kommunikation" durch den Einsatz von IuK-Technologie realisieren läßt. Die zwar deutlich optimistische, aber dennoch zurückhaltende Meinung der Unternehmen ohne IuK-Technologie hinsichtlich einer Verbesserung des Kommunikationsverhaltens ist sicherlich z.T. auf noch nicht erkannten Kommunikationsbedarf zurückzuführen, so daß die Unternehmen zwar von den Möglichkeiten der Systeme gehört haben, sich andererseits für die eigenen Belange zur Zeit wenig rationalisierende Wirkung versprechen.

Kommunikationswege optimieren

Der Einsatz neuer IuK-Technologie bringt Rationalisierungserfolge für den Kommunikationsfluß. Bei der Planung ist zu berücksichtigen, wie sich die formellen und informellen Kommunikationsbeziehungen ändern, so daß unterstützende Maßnahmen eingeleitet werden müssen, die etwaigen Negativfolgen entgegen wirken. Dem einzelnen Mitarbeiter muß Zeit und Gelegenheit gegeben werden, seine persönlich bevorzugten Kommunikationswege neu zu bestimmen.

Durchlaufzeit (010)

Zeitraum, den ein Geschäftsvorfall benötigt, um alle vorgesehenen Arbeitsstationen zu durchlaufen

Die Durchlaufzeit zu minimieren, ist ein Hauptziel der Unternehmen. Bestimmungsgrößen sind dabei (vgl: ZANGL 1985, S. 79):

- Bearbeitungszeit
- Transformationszeit
- Abstimmungs- und Kontrollzeit
- Transportzeit
- Rüstzeit
- Liegezeit

Hierbei sind die Rüst- und Liegezeiten besonders rationalisierungsbedürftig. Es handelt sich um Zeitanteile, die keine Wertsteigerung für das Produkt - in diesem Fall die Informationsverarbeitung - herbeiführen. Häufig treten Verhältnisse zwischen 1 : 1.000 und 1 : 500 von Bearbeitungszeiten zu Liege- und Transportzeiten auf (ZANGL 1985, S. 77). Dies ist durch betriebliche Postwege, schlechte Ablauforganisation und mangelnde technologische Unterstützung bedingt. Daraus erklärt sich der Wunsch vieler Unternehmen, durch Einsatz neuer Technologien die Liege- und Transportzeiten zu minimieren.
Die IuK-Technologie stellt eine Reihe von Gestaltungsmöglichkeiten zur Verfügung (freie Wahl der Schriftart, Größe, Schraffieren, Graphik usw.), die jedoch nur dann genutzt werden sollten, wenn sich die Zeit, welche in die Nutzung der Gestaltungsmöglichkeiten investiert ist, auch lohnt (z.B. Anfertigung eines optisch ansprechenden Angebotstextes).
Ob tatsächlich ein Zusammenhang zwischen den Erwartungshaltungen nach einer schnelleren Auftragsbearbeitung durch Einführung von IuK-Technologie (A 2605) - im Hinblick auf die Durchlaufzeit - und einer unveränderten oder längeren Auftragsbearbeitungszeit (A 2606) besteht, wird mit einem Test

auf Unabhängigkeit bei einem Signifikanzniveau $\alpha = 0{,}1$ untersucht. Es läßt sich statistisch gesichert feststellen, daß mehr als drei Viertel der Unternehmen einen schnelleren Durchlauf der Aufträge mit dem neuen IuK-System erwarten (Tabelle 34).

==

Tabelle 34: Auftragsdurchlauf

==

Ein schnellerer Durchlauf der Aufträge wird erwartet (A 2605).

Untersuchungsdaten: In 39 von 47 Unternehmen wird ein schnellerer Auftragsdurchlauf erwartet: $\hat{p} = 0{,}83$.

Vertrauensbereich: $P(0{,}71 \leq p \leq 0{,}95) = 0{,}9$

==

Daß diese Erwartungshaltung nicht unbegründet ist, zeigt die Erfahrung bei Unternehmen mit elektronischer Bürokommunikation, wo mehr als drei Viertel bei der Beantwortung der Frage nach einer schnelleren Auftragsbearbeitung (B 2605) von einem wesentlich kürzeren Arbeitsablauf für die einzelnen Vorgänge sprechen (B 2605) (Tabelle 35).

==

Tabelle 35: Vorgangszeiten

==

Der zeitliche Ablauf der einzelnen Vorgänge ist wesentlich kürzer geworden (B 2605).

Untersuchungsdaten: In 42 von 52 Unternehmen ist eine kürzere Durchlaufzeit festgestellt worden: $\hat{p} = 0{,}8$.

Vertrauensbereich: $P(0{,}7 \leq p \leq 0{,}89) = 0{,}9$

==

Dieses Ergebnis ist eigentlich nicht einsichtig, wenn man den hohen Anteil der Liegezeiten bedenkt, die normalerweise bestehen und die auch bei Einsatz neuer Technologien gleichermaßen an jedem Arbeitsplatz anfallen müssen. Das Mittel für Verbesserungen muß also auch in organisatorischen Veränderungen gesehen werden, z.B. in der Reduzierung der Anzahl von Arbeitsstationen. Direkte Zeiteinsparungen sind bei der Transportzeit zu erzielen (z.B. Arbeitsplatzsystem besitzt Teletexfähigkeit), die aber im Hinblick auf die Gesamtdurchlaufzeit nur eine untergeordnete Rolle spielt.

Dabei interessiert, ob die Erwartungshaltung "schnellere Auftragsbearbeitung" (A 2605) der Erfahrung von Unternehmen in Bezug auf kürzere Durchlaufzeiten (B 2605) entspricht. Die Prüfgröße des Chi-Quadrat-Tests indiziert eine gute Übereinstimmung von Erwartung und Erfahrung. Das Ergebnis der Frage nach einer kürzeren Durchlaufzeit (B 2605) bestätigt die erhofften positiven Auswirkungen einer schnelleren Auftragsbearbeitung (Tabelle 36).

Tabelle 36: Erwartung/ Erfahrung bezügl. Durchlaufzeit

Eine erwartete schnellere Auftragsbearbeitung (A 2615) entspricht den gemachten Erfahrungen (B 2615).

Merkmal X: Gruppenzugehörigkeit
Attribut a: ohne IuK (A)
Attribut b: mit IuK (B)

Merkmal Y: Auftragsbearbeitung
Attribut c: schneller
Attribut d: nicht schneller

X \ Y	c	d	$h_{i.}$
a	39	8	47
b	42	11	53
$h_{.j}$	51	19	100

Testvorgabe : $\alpha = 0,05 \implies B = 3,84$
Testergebnis : $v = 0,22 < B \implies H_0$

Durchlaufzeit technisch-organisatorisch verkürzen

Die Rationalisierungsreserven, welche durch den Einsatz neuer IuK-Technologien freigemacht werden können, sollen in erster Linie dazu dienen, die nicht wertsteigernden Durchlaufzeitanteile der Information zu minimieren. Dies ist nur möglich, wenn mit Technisierung auch die Aufbau- und Ablauforganisation der jeweiligen neuen Situation angepaßt wird. Demzufolge muß zuerst geprüft werden, ob die nicht wertsteigernden Durchlaufzeitanteile (z.B. Liegezeiten) organisatorisch behoben werden können. Danach wendet man sich den eigentlichen Prozeßzeiten zu, die durch technologische Unterstützung verkürzt werden können.

Arbeitsredundanz (O11)

Aufbauorganisatorisch bedingte Mehrfacherfassung von Informationen

Es ist zu vermuten, daß Informationen meist dann mehrfach erfaßt werden, wenn die berührten Stellen zu verschiedenen Abteilungen gehören. Das kann zum einen daran liegen, daß die Daten auch anderweitig benötigt werden. Möglich ist auch, daß verschiedene Vorgesetzte beispielsweise unterschiedliche Vorstellungen von der abteilungsbezogenen Koordination des Informationsflusses haben.
Ob tatsächlich ein Zusammenhang zwischen der Zuordnung der Abteilungen zu einem oder mehreren Vorgesetzten (A 6) und der Häufigkeit der Datenerfassung besteht (A 15), wird mit einem Test auf Unabhängigkeit bei einem Signifikanzniveau von $\alpha = 0{,}05$ untersucht. Es läßt sich statistisch gesichert feststellen, daß eine Abhängigkeit zwischen der Anzahl der berührten Abteilungen (A 15) und der aufgetretenen Schwachstelle "mehrfache Informationserfasssung" besteht (Tabelle 37).

Tabelle 37: Abteilungszuordnung/ Datenerfassungshäufigkeit

H_0 : Die Zuordnung der Abteilungen zu einem oder mehreren Vorgesetzten (A 6) ist unabhängig von der Häufigkeit der Datenerfassung (A 15).

Merkmal X: Abteilungen

Attribut a: ein Vorgesetzter
Attribut b: mehrere Vorgesezte

Merkmal Y: Datenerfassung

Attribut c: einmalig
Attribut d: mehrmalig

X \ Y	c	d	$h_{i.}$
a	12	9	21
b	6	18	24
$h_{.j}$	18	27	45

Testvorgabe : $\alpha = 0{,}05 \Longrightarrow B = 3{,}84$
Testergebnis : $v = 4{,}82 > B \Longrightarrow H_1$

Dabei ist eine mehrfache Erfassung meist dann erforderlich, wenn mehrere Abteilungen tangiert werden. Wird nur eine Abteilung berührt, erfolgt in der Mehrzahl der Fälle auch nur eine einmalige Datenerfassung.

Arbeitsredundanz überprüfen

Arbeitsredundanz im Bereich der Informationserfassung kann auf zwei verschiedene Weisen behoben werden.
Die organisatorische Lösung bedingt eine Koordination der Abteilungen bezüglich ihres Informationsaustauschverhaltens. Damit ist eine Straffung der Aufbauorganisation zur Auftragsbearbeitung verbunden. Im Extremfall ist eine gemeinsame Unterstellung aller an der Auftragsbearbeitung beteiligten Stellen unter einen Vorgesetzten bei gleichzeitiger Umstellung auf eine fallorientierte Bearbeitung zu erwägen. Die technische Lösung zur Einführung eines IuK-Sy-

stems verlangt die Berücksichtigung aufbauorganisatorischer Gegebenheiten.

Störungen (O12)

Organisatorisch bedingte Rückfragen und deren Auswirkungen

Häufig führen die Unternehmen die zu langsam ablaufende Informationsweitergabe auf Störungen der Arbeitsabläufe zurück. Diese Störungen können sich z.B. in häufigen Rückfragen der anderen Abteilungen äußern, oder durch eigene Informationsdefizite hervorgerufen werden.
Damit ist es fraglich, ob die bestehende Ablauforganisation erhalten bleiben kann. Überträgt man so vorprogrammierte Störungen in ein neues IuK-System, dürften einige Rationalisierungseffekte wieder zunichte gemacht werden. Ob tatsächlich ein Zusammenhang zwischen den aufgetretenen Störungen unter den einzelnen Abteilungen (A 8) und der Häufigkeit der unnötigen Zeitverzögerungen in der Anfragen- und Auftragsabwicklung besteht, wird mit einem Test auf Unabhängigkeit bei einem Signifikanzniveau $\alpha = 0,05$ untersucht. Die Unabhängigkeit kann statistisch gesichert festgestellt werden. Somit ist nachgewiesen, daß sich nach Einschätzung der Unternehmen Störungen in der Informationsweitergabe mit organisatorischen Mitteln zum Teil beheben lassen (Tabelle 38).

Tabelle 38: Störungen/ Zeitverzögerungen

H_0 : Die Störungen zwischen den einzelnen Abteilungen (A 8) sind unabhängig von der Häufigkeit der Zeitverzögerungen in der Anfragen- und Auftragsabwicklung (A 18).

Merkmal X: Zeitverzögerungen

Attribut a: ja
Attribut b: nein

Merkmal Y: Störungen können behoben werden
Attribut c: ja
Attribut d: zum Teil
Attribut e: nein

X \ Y	c	d	e	$h_{i.}$
a	18	13	1	32
b	5	6	4	15
$h_{.j}$	23	19	5	47

Testvorgabe : $\alpha = 0{,}05 \Rightarrow B = 5{,}99$
Testergebnis : $v = 6{,}42 > B \Rightarrow H_1$

Durch Einführung eines IuK-Systems erhofft man sich deutliche Verbesserungen. Dies zeigt sich bei der Auswertung der Fragen nach den Zeitverzögerungen in der Anfragen- und Auftragsabwicklung (A 18) und nach einer schnelleren Auftragsbearbeitung (A 2605), die für $\alpha = 0{,}01$ eine signifikante Abhängigkeit besitzen (Tabelle 39).
Die Unternehmen, in denen Zeitverzögerungen in der Anfragen- und Auftragsabwicklung durch Informationsweitergabe entstehen, erwarten hier durch neue IuK-Systeme deutliche Verbesserungen, während Unternehmen mit wenig unnötigen Zeitverzögerungen auch wenig Erwartungen in die neue Technik haben.

Tabelle 39: Zeitverzögerungen/ Auftragsbearbeitungszeit

H_0 : Die Zeitverzögerungen (A 18) sind unabhängig von den Erwartungen einer schnelleren Auftragsbearbeitung mittels eines IuK-Systems (A 2605).

Merkmal X: Zeitverzögerungen

Attribut a: ja
Attribut b: nein

Merkmal Y: schnellere Auftragsbearbeitung erwartet
Attribut c: ja
Attribut d: nein

X \ Y	c	d	$h_{i.}$
a	26	4	30
b	8	9	17
$h_{.j}$	34	13	47

Testvorgabe : $\alpha = 0{,}01 \Rightarrow B = 6{,}63$
Testergebnis : $v = 8{,}51 > B \Rightarrow H_1$

Kooperation verbessern

Störungen im Informationsfluß werden unter anderem auch von ablauforganisatorischen Mißständen herbeigeführt. Diese lassen sich dann nicht unbedingt mit rein technischen Mitteln beseitigen, sondern werden von diesen u.U. noch verstärkt. Deshalb müssen vor der technischen Implementierung möglichst alle organisatorischen Schwachstellen behoben sein.

Informationsübersicht (O13)

Aktueller Stand der laufenden Angebote und Aufträge

Vor allem im Verkaufsbereich eines Unternehmens ist es unverzichtbar, daß jederzeit dem Kunden eine Auskunft über den derzeitigen Stand seines in Auftrag gegebenen Produktes gegeben werden kann. Dies geschieht häufig rein intuitiv, ohne

daß der Auskunftgebende eine konkrete Informationsgrundlage in den Händen hält.
So geschieht es immer wieder, daß plötzlich festgestellt wird, daß ein vorher zugesagter Termin kann nicht eingehalten werden kann, ohne daß der Verkäufer rechtzeitig gewarnt worden ist. Bei den Angeboten sollte in einem spezifischen Zyklus beim Kunden nachgefragt werden, ob noch Interesse besteht oder ob man sonst etwas tun kann. Auch diese Aktivität ist terminabhängig. Aus diesem Grunde sollten sich die entsprechenden Mitarbeiter jederzeit eine Übersicht über die laufenden Angebote und Aufträge verschaffen können.
Welche Erwartungen die Unternehmen in die neue IuK-Technologie in Bezug auf die Terminüberwachung und -einhaltung (A 2618) besitzen, soll mit Hilfe eines approximativen Gaußtests beantwortet werden.
Der Test bestätigt bei einem Signifikanzniveau $\alpha = 0,1$ die Hypothese, daß mehr als die Hälfte der Unternehmen positive Auswirkungen in Form einer Verbesserung der Terminüberwachung und -einhaltung erwarten (Tabelle 40), was gerade für die kundenorientierte Fertigung von besonderem Interesse ist. Kriterien hierfür sind unter anderem auch die Zugriffsgeschwindigkeit auf Informationen sowie vereinfachte Erreichbarkeit der Mitarbeiter.

==

Tabelle 40: Terminüberwachung und -einhaltung

==

Eine Verbesserung der Terminüberwachung und -einhaltung wird in den meisten Unternehmen erwartet (A 2618).

Untersuchungsdaten: 29 von 47 Unternehmen erwarten eine Verbesserung der Terminüberwachung und -einhaltung (A 2618):
$\hat{p} = 0,61$

Vertrauensbereich: $P(0,52 \leq p \leq 0,7) = 0,9$

==

Hier erscheint auch von Interesse zu sein, ob ein Zusammenhang zwischen der diesbezüglichen Schwachstelle "Übersichtsinformation einholen" (A 16) und der erwarteten positiven Auswirkung durch das Iuk-System (A 2618) besteht. Dies wird mit einem Test auf Unabhängigkeit bei einem Signifikanzniveau $\alpha = 0,05$ untersucht (Tabelle 41).

Tabelle 41: Terminverfolgung/ Erwartete Termineinhaltung u. -verfolgung

H_0 : Die Terminverfolgung durch bereits verfügbare Übersichtsinformationen (A 16) ist unabhängig von der Erwartung, durch ein IuK-System zu einer besseren Termineinhaltung und -überwachung zu gelangen(A 2618).

Merkmal X: bessere Termineinhaltung und -überwachung,

Attribut a: erwartet

Attribut b: nicht erwartet

Merkmal Y: Terminverfolgung

Attribut c: bereits möglich

Attribut d: nicht möglich

X \ Y	c	d	$h_{i.}$
a	26	4	30
b	8	9	17
$h_{.j}$	34	13	47

Testvorgabe : $\alpha = 0,05 \Longrightarrow B = 3,84$

Testergebnis : $v = 5,54 > B \Longrightarrow H_1$

Damit kann statistisch gesichert aufgezeigt werden, daß die Unternehmen, welche z.Z. eine Übersichtsinformation mit konventionellen Mitteln haben, eine weitere Verbesserung durch das System erwarten. Die Unternehmen, bei denen dies nicht möglich ist, erwarten auch keine Verbesserungen. Eine Ursache mag in den Unternehmensspezifika liegen, so daß für die zweitgenannten Unternehmen der Einsatz eines IuK-Systems vor dem Hintergrund einer Verbesserung der Informationsübersicht z.Z. nicht in Frage kommt.

Die Hypothese, daß für mehr als 50 % der Unternehmen, die bereits IuK-Technologie benutzen, die Übersicht über die Informationen schwieriger geworden ist, kann bei einem Signifikanzniveau $\alpha = 0{,}1$ mit Hilfe des approximativen Gaußtests verworfen werden (Tabelle 42).

Tabelle 42: Informationsübersicht

Nach Einführung des IuK-Systems ist die Übersicht über die Informationen schwieriger geworden (B 2607).

Untersuchungsdaten: 16 von 53 Unternehmen sagten aus, daß die Übersicht über Informationen schwieriger geworden ist: $\hat{p} = 0{,}3$.

Vertrauensbereich: $P(0{,}22 \leq p \leq 0{,}38) = 0{,}9$

Insgesamt kann man also feststellen, daß die Unternehmen eine bessere Informationsbeschaffung erwarten und diese Erwartungshaltung von Unternehmen mit IuK-Systemen bestätigt wird.

Informationsübersicht verbessern

Die Informationsübersicht über laufende Angebote und Aufträge kann mit Hilfe eines IuK-Systems verbessert werden. Es hängt von den Unternehmensspezifika ab, ob der Aufwand zum Aufbau und zur Pflege der zugehörigen Dateien größer wird als der Nutzen, der daraus entstehen kann. Deshalb ist es für den jeweiligen Einsatzfall zu prüfen, ob die Informationsübersicht wirklich mit Hilfe der Technik verbessert werden kann.

7. Erkenntnisse

Im Kapitel 4 wurde die Grundgesamtheit der untersuchungsrelevanten Implementierungsindikatoren dargestellt. Alle Indikatoren, zu denen Untersuchungsergebnisse mit statistisch gesicherten Aussagen gefunden werden konnten, sind in Kapitel 6 interpretiert worden.

Die Interpretationen sollen als Grundlage für die folgende Erkenntnisdarstellung dienen. Als Rahmen wird eine gesamtheitliche Vorgehensweise zur IuK-Implementierung gewählt,die sieben Grobphasen enthält (Abbildung 7-1). Die implementierungsrelevanten Gestaltungsaspekte werden mit Hilfe von Kennziffern (M1 bis O13) jeder Phase zugeordnet (Abbildung 7-1). Die zusammenfassende Darstellung aller Gestaltungsempfehlungen erfolgt im Anhang III.

In der Phase 1 gibt die Unternehmensleitung Ziele für das Projekt "Einführung von IuK-Technologie" vor. Sie ist daran interessiert, daß neben betriebswirtschaftlichen und technischen Zielen die Systemakzeptanz auf der Anwenderseite garantiert ist. Sie empfiehlt deshalb, die späteren Systemnutzer möglichst früh in die Systemgestaltung einzubeziehen. Dies verlangt eine klare Aussage über personelle Strukturierungsmaßnahmen, die aufgrund der Rationalisierungswirkung notwendig werden.

In Phase 2 wird eine Projektorganisationsform ins Leben gerufen, in der möglichst viel Expertenwissen zusammengeführt wird. Der Endanwender ist als Experte an seinem Arbeitsplatz anzusehen.

Sofern der Anwenderkreis sehr groß und nicht mehr überschaubar ist, bietet es sich an, Delegierte der Systemanwender auszuwählen, welche die Aufgabe haben, abteilungsintern eine Verständigung über die Zielvorstellungen vorzunehmen und diese dann der Projektleitung zu vermitteln. Dazu sind eventuell Qualifizierungsmaßnahmen notwendig, d. h. daß die Delegierten kompetent in der Systemgestaltung gemacht werden müssen, um die möglichen Folgen einzelner Gestaltungsschrit-

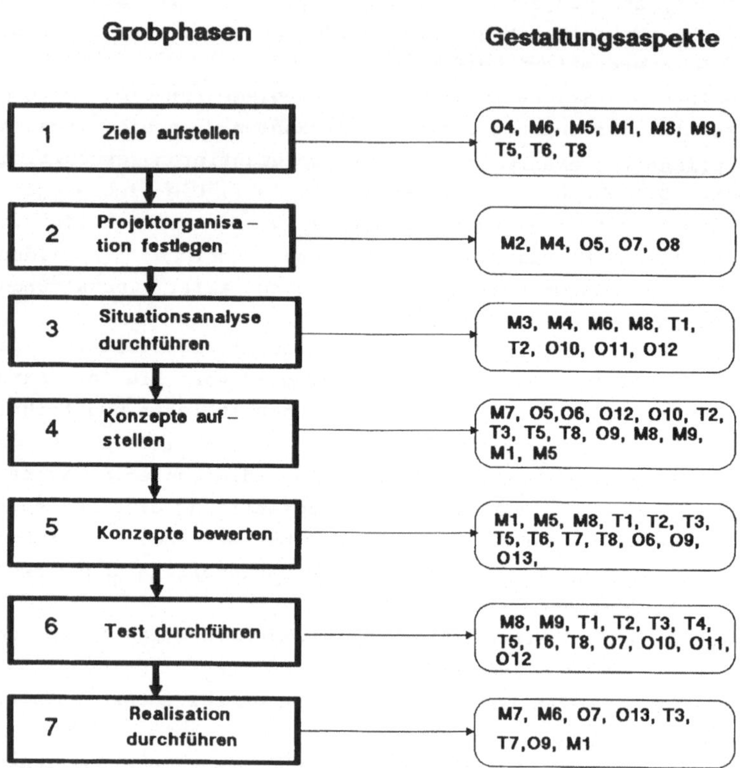

Abb. 7-1: Grobphasen der Implementierung

te beurteilen zu können. Das Methodenrepertoire zur Einbindung der Anwenderinteressen sollte eine Verknüpfung von objektiven Merkmalen und subjektiver Einschätzung der Anwender gewährleisten.
In der dritten Phase, der Situationsanalyse, führt die Projektleitung eine Erhebung unter Mitwirkung der Systemanwender durch, in der die technische, organisatorische und personelle Ausstattung des betroffenen Bereichs identifiziert wird. Mit Hilfe der Situationsanalyse werden weiterhin Stark- und Schwachstellen bestimmt. Insbesondere müssen Hemmnisse im Informationsfluß aufgedeckt werden. Die Anforderungen an die Qualifikation des Personals ändern sich; demgemäß muß der Qualifizierungsbedarf ermittelt werden.
In Phase 4 (Konzepte aufstellen) werden die Zielvorstellungen aller am Gestaltungsprozeß beteiligten Personen (Anwender, Unternehmensleitung, Systemgestalter) in möglichst mehrere Konzepte umgesetzt. Diese müssen anschaulich die Auswirkungen auf den einzelnen Arbeitsplatz beschreiben, so daß die Anwender für sich selbst eine Vorstellung entwikkeln können, wie ihr späterer Arbeitsplatz einmal aussehen wird. Man bedient sich hierbei zweckmäßigerweise einer Szenariotechnik. Mit dieser Technik wird anhand vorgegebener Einzelmerkmale eine Übersicht der verschiedenen Ausprägungsformen von Technik, Organisation und Qualifizierungsbedürfnissen gegeben, um eine Folgenabschätzung in den gebildeten Konzepten vornehmen zu können und eine Beurteilungsbasis zur Entscheidung für ein bestimmtes Konzept zu gewinnen. Diese Vorgehensweise hat gleichzeitig den Vorteil einer integrierten Betrachtung von Technik, Organisation und Personal. Zudem wird eine gemeinsame Sprache zwischen allen am Gestaltungsprozeß beteiligten Personen bereitgestellt. Nur so ist eine optimale Lösung für das spätere Kommunikationssystem aufzubauen. Bei der Konzeptbildung sollte darauf geachtet werden, daß Schwachstellen möglichst schon durch Berücksichtigung humaner und organisatorischer Randbedingungen gelöst werden, bevor man sich auf Technikeinsatz stützt.

In Phase 5 (Konzepte bewerten) können anhand der im Vorlauf erarbeiteten Zielvorstellungen und einbezogenen Faktoren (Technik, Organisation und Personal) konkrete Entscheidungsmerkmale aufgestellt werden, die als Bewertungsgrundlage für eine nutzwertanalytische oder analytische Auswahl eines Konzeptes dienen können. Die o. g. Faktoren sind teilweise nur sehr schwer mit quantifizierbaren Leistungsgrößen zu belegen (z. B. Flexibilität, Arbeitszufriedenheit, Kundennähe, usw.), so daß hier eine Auswahl eines Kommunikationssystems nach Absolutwerten unmöglich erscheint. Die Projektleitung sollte jedoch auch diese Größen mit in die Entscheidungsfindung einbeziehen. Dabei wird es allerdings nötig, einen Wertmaßstab zu schaffen, der ein subjektives Urteil vieler Gestaltungsexperten zuläßt. Insgesamt wird aus dem Urteil vieler Personen eine nahezu objektive Entscheidung erwachsen, welche die Einbeziehung auch der schwer quantifizierbaren Faktoren garantiert. Das Verfahren, etwa einen Nutzwertanalyse, sollte allen Beteiligten bekannt sein, damit ein transparenter Entscheidungsprozeß geführt werden kann, der die Einbeziehung möglichst vieler Anwender zu einem rationellen Vorgehen gewährleistet.

Gegenstand der Phase 6 (Test durchführen) ist die ausgewählte Konzeption, d. h. das Zusammenspiel der Technik, Organisation und des Personals zur Verbesserung der Kommunikation. Die technischen Komponenten müssen auf ihre Funktionstüchtigkeit überprüft werden. Zur Durchführung des Tests soll Gelegenheit gegeben werden, ein Feedback der Anwender hinsichtlich der zu erprobenden Konzeption einzuholen. Sie sollen Mängel zu einem Zeitpunkt aufdecken, an dem Änderungen leicht möglich sind.

Nach Abschluß der Testphase beginnt die Phase 7 (Realisation durchführen). Es kann das neue IuK-System zur Nutzung freigegeben werden. Aber auch in diesem recht langen Zeitraum (5-8 Jahre) sollten die Anwender mit ihren Fragen und Problemen bezüglich des Systems nicht allein gelassen werden, sondern stets einen betrieblichen Ansprechpartner wissen, der ihnen bei Schwierigkeiten weiterhilft. Dies bedeutet aus Sicht der Unternehmensleitung, eine Art "Nachsorge" zu organisieren, die nicht nur aktiviert werden soll, wenn es zu schwerwiegenden Systempannen gekommen ist, sondern schon vorher Unzulänglichkeiten erkennen soll.

Exemplarisch soll für Phase 4 (Konzepte aufstellen) die Umsetzung der Gestaltungsempfehlungen aufgezeigt werden.

PHASE 4: Konzepte aufstellen

(M 7) Zunächst gilt es, mehrere technisch-organisatorische Lösungsalternativen aufzustellen. Dazu müssen entsprechende Voraussetzungen beim Projektteam vorhanden sein. So sollen Qualifizierungsmaßnahmen dort zunächst eingeleitet werden, wo Projektmitglieder zwar fachkompetent in den betrieblichen Aufgabenstellungen (z. B. Logistik, Controlling, Vertrieb) sind, aber zum Thema IuK-Technologie über zu wenig Kenntnisse verfügen.
Insbesondere muß es allen Projektmitgliedern möglich sein, eventuelle Folgen der IuK-Technikeinführung abzusehen, um für den eigenen Interessenbereich einen angemessenen Lösungsvorschlag einbringen zu können. Nur dann kann erwartet werden, daß auch eine Motivation zur konstruktiven Mitarbeit des Einzelnen unterstützt wird.

(O 5) In den Fällen, in denen Externe (Berater oder sonstige Dienstleistungsträger) für die Umsetzung des Konzeptes herangezogen werden sollen, ist eine möglichst frühe Diskussion mit ihnen sinnvoll. Vielfach kann damit der "Betriebsblindheit" von Projektmitgliedern vorgebeugt werden.

(O 6) Die Lösungsalternativen sind in einem Detaillierungsgrad zu beschreiben, der erkennen läßt, in welchem Umfang das Pflichtenheft der Anwender, Unternehmensleitung und Systemgestalter erfüllt ist. Als Beschreibungsmittel bieten sich ein technisch-organisatorischer Merkmalskatalog in Tabellenform (Checkliste) und die Beschreibung der Auswirkungen für die Systemnutzer mit Hilfe von Szenarien an. Damit wird eine gemeinsame Sprache zwischen allen am Gestaltungsprozeß beteiligten Personen unterstützt und zugleich die Systemtransparenz erhöht.

(O 12) Die Lösungsalternativen sollen vorsehen, daß Schwachstellen im Arbeitsablauf möglichst durch Berücksichtigung organisatorischer Maßnahmen im Vorfeld gelöst werden, bevor man dafür zusätzlichen Technikeinsatz plant, der wiederum neue Probleme entstehen läßt.

(O 10) In den meisten Fällen dürften davon Lösungswege betroffen sein, welche die nicht wertsteigernden Durchlaufzeitanteile rein mit organisatorischen Mitteln verkürzen. Das Konzept muß sicherstellen, daß alle gewünschten technischen Funktionen (abgeleitet aus der Aufgabenstellung der Abteilungen) erfüllt sind. Die Technikanforderungen sollen dabei sachgerecht sein und nur solche technischen Lösungen zur Umsetzung vorsehen, die in der Praxis zumindest pilothaft erprobt sind.

(T 2) Von dieser Forderung sind Maßnahmen betroffen, die eine Aktualität von Datenbeständen gewährleisten sollen. Insbesondere bei der Implementierung von IuK-Technologie in eine bestehende DV-Welt, die mit technischen Insellöungen versehen ist, werden organisatorische Unterstützungsmaßnahmen notwendig, die aktualisierte Datenbestände garantieren, obwohl die technischen Schnittstellen zum raschen Datenzugriff und -austausch noch nicht zur Verfügung stehen.

(T 3) Es ist für die Aufgabenerfüllung der einzelnen Sachbearbeiter von existentieller Bedeutung, daß möglichst kurze Systemantwortzeiten bestehen und die entnommene Information eine hohe Aktualität besitzt.

(T 5) Für die Arbeit des Einzelnen ist es unerheblich, ob die technische Lösung zum Datenaustausch zentral oder dezentral organisiert ist. Wichtigstes Kriterium sind für die Systemnutzer Verläßlichkeit, Datenaktualität, Zugriffs- und Antwortzeiten. Die Angemessenheit der technischen Ausführung muß von Technikexperten beurteilt werden.

(T 8) Die Bedienerfreundlichkeit ist als wichtiges Kriterium in die Systemauswahl mit einzubeziehen. Sie wirkt sich erheblich auf die Systemakzeptanz aus. Beispielsweise muß gefordert werden, daß der Systemhersteller geeignete Qualifizierungsmßnahmen anbieten kann.

Weiterhin sollen Bedienungshandbücher für den Laien verständlich geschrieben sein und für alle unvohergesehenen Systemzustände selbsterklärende Hilfemaßnahmen angeboten werden.

(O 9) Einen weiteren wichtigen Einfluß auf die Systemakzeptanz hat die Berücksichtigung der informellen Kommunikation. Kommunikationswege können zwar sehr gründlich geplant, organisiert und in technische Lösungen überführt werden, dennoch ist manche, vom Sachbearbeiter initiierte, aber ungeplante Informationsbeschaffung häufig erfolgreicher als das Einhalten der vorgesehenen Informationswege.

(M 8) Die Erhöhung der Handlungs- und Entscheidungsfreiheit in den Fachaufgaben des einzelnen Mitarbeiters soll ebenfalls Gegenstand der organisatorischen Neugestaltung sein. Dies muß mit angemessenen Qualifizierungsmaßnahmen einhergehen, was bedeuten kann, daß Schulungsmaßnahmen in den Bereichen soziale Handlungskompetenz, fachliches Wissen und Können und technische Systemschulung parallel durchgeführt werden müssen. Damit wird die Notwendigkeit einer ganzheitlichen Betrachtungsweise immer wieder deutlich. Denn nur dadurch ist es möglich, daß der Einzelne Auswirkungen seines Handelns auf das Gesamtsystem, das Unternehmen, erkennt.

Damit wird für ihn z. B. eher die Notwendigkeit ersichtlich, bestimmte Informationen im System aufzubereiten, die nicht er, sondern ein Kollege aus einer anderen Abteilung zu seiner Aufgabenerfüllung benötigt. Die Mitarbeiter sind eher in der Lage, situativ für das Unternehmen richtig zu entscheiden und erhalten zudem eine höhere Flexibilität in der Verwendungsfähigkeit.

(M 9) Die Implementierung von IuK-Technologie setzt standardisierte Arbeitsabläufe und Informationsträger voraus. Die Gerätestandardisierung verlangt vom Anwender i. d. R. eine Änderung seiner Arbeitsablauforganisation und der individuellen Arbeitsweise. Dieser Anlaß sollte genutzt werden, um den individuellen Arbeitsstil zu überdenken und selbstkritisch nach einer effektiveren Verfahrensweise unter Nutzung der IuK-Technologie zu suchen. Die Mitarbeiter sollen auf diesen Umstand frühzeitig hingewiesen werden. Gegenstand der Neugestaltung darf nicht die Suche nach Schuldigen sein, sondern die Ausarbeitung neuer Lösungen.

(M 1) Durch den Einsatz der IuK-Technologie werden u. a. Arbeitsinhalte verändert und Routinehandlungen vom System erledigt. Dies führt zu einer Freisetzung von Personalkapazität, welche entsprechend den Unternehmenszielen verwendet werden kann. Der Personalabbau kann kurzfristig nicht im Mittelpunkt des Gestaltungsinteresses stehen, da in der Umstellungszeit von einer erhöhten Belastung der Anwendungsabteilung auszugehen ist. In den meisten Fällen ist die Informationsflut mit dem Personalbestand nicht zu bewältigen, durch weitere Personaleinstellungen jedoch auch nicht zu lösen. Deshalb sollte im Konzept vorgesehen sein, die gewonnen zeitlichen Freiräume für die eigentlichen Kernaufgaben zu nutzen oder zusätzliche planerische Aufgaben mit zu übernehmen, die zukünftige Entwicklungen im Fachgebiet besser erschließen.

(M 5) Ist das IuK-Systemkonzept nach analytischen Grundsätzen aufgebaut, so wird eine Wirtschaftlichkeitsrechnung nach quantifizierbaren betriebswirtschaftlichen Kenngrößen erleichtert. Einen erheblichen Einfluß auf die Effektivität des IuK-Systems haben jedoch auch eine Reihe von nicht quantifizierbaren Faktoren (z. B. Motivation der Mitarbeiter, Systemakzeptanz, Verfügbarkeit, Antwortzeitverhalten). Die Auswirkungen auf die nicht quantifizierbaren Größen können festgestellt werden, indem die Meinung der Systemnutzer hinsichtlich einer persönlich erlebten Veränderung in der Arbeit mit dem System erfaßt und ausgewertet wird.

In gleicher Weise sind in den anderen Phasen die zugeordneten Gestaltungsaspekte umzusetzen.

8. Zusammenfassung

Die Unternehmen stehen heute vor der Aufgabe, die betrieblichen Kommunikationsprozeße durch die Implementierung von IuK- Technologie zu optimieren. Als Orientierung zur Vorgehensweise lagen ungeordnete Erkenntnisse über die Technikgestaltung vor. Sie wurden in einer Beschreibungsheuristik zusammengefaßt, die einen ganzheitlichen Systemgestaltungsansatz aus den Komponenten Mensch, Technik und Organisation enthält.

Es wird eine mehrstufige Untersuchung im Bereich des Investitionsgüter produzierenden Gewerbes durchgeführt. Aus den ermittelten Daten lassen sich quantitative Aussagen zur IuK-Implementierung ableiten. Dazu werden statistische Analyseverfahren angewandt.

Aus den Erkenntnissen der Untersuchung sind Gestaltungshinweise für die ganzheitliche IuK-Implementierung unter Berücksichtigung der Komponenten Mensch, Technik und Organisation aufgestellt worden. Sie werden in eine Handlungsanleitung eingebunden, die exemplarisch für eine Phase der Implementierung ausgeführt wird.

Es kommt zum Ausdruck, daß der Rationalisierungserfolg des IuK-Technikeinsatzes durch die Berücksichtigung von betriebswirtschaftlichen und humanisierungsbezogenen Kenngrößen bestimmt wird. Bei vielen Gestaltungsaspekten muß das Wissen von Experten systematisch einbezogen werden, wobei der Anwender als Experte an seinem Arbeitsplatz anzusehen ist. Daraus resultiert für die Unternehmen die Notwendigkeit, verschiedene Formen der Mitarbeiterbeteiligung in der Systemgestaltung einzusetzen.

9. Verzeichnis der wichtigsten Symbole und Abkürzungen

α	: Fehlschlußrisiko für Signifikanzniveau < B
χ^2	: Prüfgröße zum Chi-Quadrat-Test
e_{ijk}	: Erwartungswert bei der KFA
G	: Grundgesamtheit
h_{ij}	: Häufigkeit
H_o	: Nullhypothese
H_1	: Alternativhypothese
IuK-	: Informations- und Kommunikations-
KFA	: Konfigurationsfrequenzanalyse
n, N	: Stichprobenumfang
p_o	: hypothetischer Anteilswert in einer G
p	: unbekannter Anteilswert in einer G
$\hat{p}$	: Anteilswert der Stichprobenfunktion
t	: Anzahl der Merkmale
v	: Testfunktionswert
v_α	: Signifikanzschwelle für Fehlschlußrisiko α, in Test-Darstellung mit B bezeichnet

10. Literaturverzeichnis

AWF — Ausschuß für wirtschaftliche Fertigung e. V., Eschborn; Integrierter EDV-Einsatz in der Produktion, CIM - Computer Integrated Manufacturing, Begriffe, Defintionen, Funktionszuordnungen, Eschborn Nov. 1985

Bamberg, G.
Baur, F. — Statistik, 4. überarb. Auflage, München 1985

Bortz, J. — Statistik für Sozialwissenschaftler, Berlin 1979

Bresser, P. — Personalbedarf der Arbeitsplanung, Diss. RWTH Aachen 1985, Berlin 1985

Bullinger, H.J. (Hrsg) — Software Ergonomie '85, Tagungsband III/1985 des German chapter of the ACM am 24. und 25.9.1985 in Stuttgart, Stuttgart 1985

Damian,G. — Die Veränderung der Beschäftigungssituation durch die Einführung neuer Technologien im Verwaltungsbereich, In: Marktforschung 2(1983), S.50-55

Dieterle, G. — Local Area Networks, Köln 1985

Dilger, F. — Einführung von Bürokommunikationstechnologie in der Arbeitsvorbereitung, Diplomarbeit Institut für Arbeitswissenschaft RWTH Aachen, Aachen 1986

Eulitz, G.
Veil, K.
Herman, R.
Gold, M.
Seidel, E.
Redel, W.
Krane, H.-G.

Teilautonome Fertigungs-Prozeß-Steuerung durch Operations-Gruppen (Organisations-Entwicklungs-Prozeß), BMFT Forschungsbericht HA 82-009, Eggenstein-Leopoldshafen 1982

E DIN 66234, T 8 — Bildschirmarbeitsplätze, Grundsätze der Dialoggestaltung, Berlin Dez. 1984

Fessmann, K. D. — Effizienz der Organisation. In: Potthoff, E.(Hrsg.) RKW-Handbuch, Fertigungstechnik und Organisation, Berlin 1978

Gutenberg, E. — Grundlagen der Betriebswirtschaftslehre Bd. 2, Der Absatz, Berlin, Heidelberg, New York 1976

Hackstein, R. — CIM-Begriffe sind verwirrende Schlagwörter. Die AWF-Empfehlung schafft Ordnung! Manuskript zum Vortrag am 11.11. 1985 im Rahmen des Seminars über aktuelle Fragen des Arbeitsingenieurwesens, RWTH Aachen

Hackstein, R.
Nüßgens, K.-H.
Uphus, P.H.

Personalwesen in systemorientierter Sicht. In: Fortschrittliche Betriebsführung 20(1971)1, S. 27-41

Hauff,V. (Hrsg) — Technologischer Fortschritt, Auswirkungen auf Wirtschaft und Arbeitsmarkt, Düsseldorf 1980

Heeg, F.J. — Einführung neuer Technologien - ein gruppenorientierter Ansatz. In: zfo 1(1986), S. 41-46

Henning, K. Kybernetische Verfahren der Ingenieurwissenschaften; Vorlesungsmanuskript 1. Auflage, RWTH Aachen 1985

Henning, K. Soziale Auswirkungen der Automatisierung, Vorlesungsmanuskript 1. Auflage, RWTH Aachen 1986

Hilbig, W. Akzeptanzforschung neuer Bürotechnologien. In: Office Management 4(1984), S.320-323

Hildebrandt, F. Leitfaden zur Vorlesung Arbeitsingenieurwesen II, Sommersemester 1986, RWTH Aachen

Junker, R. Einführung neuer Bürokommunikationstechnologien - Projektabwicklung bei der Einführung: eine anspruchsvolle Führungsaufgabe. In: Personal, Mensch und Arbeit 2(1986), S. 54-56

Junker, R.
Stauß, R. Führungskräfteauswahl in Klein- und Mittelbetrieben. In: Personal-Report, Mai 1985, S. 6-8

Junker, R.
Langhoff, H.
Richter, K. Partizipative Systemgestaltung : Beteiligungsmodell zur Einführung neuer Formen der Informationsverarbeitung - ein Modellvorhaben in der Stahlindustrie. In: zfo 7(1985)54, S. 401-408

Karcher, H.B. Büro der Zukunft, 6. Auflage, Baden-Baden 1984

Köchling, A. Mischarbeit in der Textverarbeitung, Praktiker Reihe 8, Düsseldorf 1984

Krauth, J.
Lienert, G.A. — Die Konfigurationsfrequenzanalyse, München 1973

Kubicek, H. — Interessenberücksichtigung beim Technikeinsatz im Büro- und Verwaltungsbereich, München 1979

Mumford, E.
Welter, G. — Benutzerbeteiligung bei der Entwicklung von Computersystemen, Berlin 1984

Olds, E.G. — Distribution of sums of squares of rank differences for small numbers of individuals. In: Ann.Math.Statist. 9(1938)133

Picot, A.;
Reichwald, R.(Hrsg) — Forschungsprojekt Bürokommunikation, Bd.1, Kommunikationstechnik und Anwender 1983a

Forschungsprojekt Bürokommunikation, Bd.2, Kommunikationstechnik und Nutzerverhalten, 1983b

Rehn, G. — Modelle der Organisationsentwicklung, Bern, Stuttgart 1979

Schmidt,G. — Methode und Techniken der Organisation, Giessen 1983

Schwetz, R. — Arbeitsorganisation im Büro - Überblick über industrielle Ansätze. In: Warnecke, H.J.; Bullinger, H.J. (Hrsg.), Forschung und Praxis, Bd. 4 Menschen - Arbeit - Neue Technologien, Berlin 1985

Schulze, H.H. — Organisation des Büro- und Verwaltungsbereichs. In: Grochla, E.(Hrsg) Handwörterbuch der Organisation Stuttgart 1969, S.344

Siegel, S.	Nichtparametrische Statistische Methoden, Eschborn 1985
Spieler,B.	Entwicklung eines Systems von Entscheidungs- und Auswahlhilfen für die ergonomische Gestaltung der Arbeitssysteme Behinderter, Diss. RWTH Aachen, Aachen 1984
Statistisches Bundesamt	Statistisches Jahrbuch 1985, Hrsg. Statistisches Bundesamt, Wiesbaden 1985
Straub, W. Klebert, K. Schrader, E.	Moderationsmethode, Hamburg 1985
Zimmermann, L.	Organisation der Arbeit, Bd. 4, Reihe Humane Arbeit, Leitfaden für Arbeitnehmer, Reinbek 1982
Zangl, H.	Durchlaufzeiten im Büro, Berlin 1985

11. Anhang

Anhang I

Fragebogen zum Experteninterview

Gesprächspartner:
Stellung in der Firma/Institution:
Aufgaben:

Information der betroffenen Abteilungsmitglieder

1. Projektveranlassung (verbal)
2. Wer wurde in der Vorplanungsphase informiert (6 Nennungen)
3. Form der Information über den Projektverlauf (verbal)
4. Entlassungen auf Grund des Projektes (3 Nennungen)
5. Zeitrahmen für das Projekt (5 Nennungen)

Erhebungsinstrumentarien

6. Durchführung welcher Analyseart (4 Nennungen)
7. Angewandte Erhebungstechnik (7 Nennungen)
8. Anpassung des Analyseinstruments (3 Nennungen)
9. Analysezweck (4 Nennungen)
10. Anonymität der Daten (2 Nennungen)
11. Untersuchungstiefe (4 Nennungen)
12. Berücksichtigte Merkmale (verbal)
13. Feedback aus analysiertem Bereich (5 Nennungen)
14. Einsatz von Arbeitsgruppen (2 Nennungen)
15. Wirtschaftlichkeitsbetrachtung (verbal)
16. Art der Datenauswertung (2 Nennungen)

Erhebungsergebnisse

17. Festgestellte Schwachstellen aus der Istzustandsanalyse (verbal)
18. Konzeptalternativen (2 Nennungen)
19. Gesetzte Zielkriterien (5 Nennungen)
20. Vermittlung von Qualifikationsinhalten (5 Nennungen)
21. Zielsetzung von Qualifizierungsstrategien (4 Nennungen)

Entscheidung

22. Aufstellung eines Projektgremiums (2 Nennungen)
23. Kompetenzen des Gremiums (6 x 4 Nennungen)
24. Auswahl von Konzeptalternativen (6 Nennungen)

Implementierung

25. Implementierungsprobleme (5 Nennungen)
26. Feedback der Betroffenen während Implementierung (3 Nennungen)
27. Kennzeichnende Aspekte des Vorhabens (6 Nennungen)
28. Art des DV- Einsatzes (2 Nennungen)
29. Systemanpassungen (2 Nennungen)
30. Wirtschaftlichkeitsbetrachtung (verbal)
31. Erreichte Leistungssteigerung (verbal)
32. Implementierungsdauer (verbal)
33. Bewertung aus Expertensicht (verbal)

Anhang II

Fragebögen zur Unternehmensbefragung

Fragebogen A (für Unternehmen ohne Informations- und Kommunikationstechnologie)

A 0 : Branche: 0 1

A 1 : Produktpalette: 0 1

A 2 : Fertigungsart: 0 1

A 3 : Seriengröße: 0 1

A 4 : Zahl der Mitarbeiter: 0 1
a) gesamt: 0 1
b) Verwaltungsbereich: 0 2

A 5 : Position des Befragten in dem Unternehmen: 0 1

A 6 : Alle Abteilungen der Anfragen- und Auftragsbearbeitung unter demselben Vorgesetzten?

(2 Nennungen)

A 7 : Anzahl der in die Anfragen- und Auftragsbearbeitung eingehenden Abteilungen und Personen

(2 Nennungen)

A 8 : Verbesserung der Kooperation zwischen den Abteilungen mit organisatorischen Mittel möglich?

(3 Nennungen)

A 9 : Wer legt die Bearbeitungsreihenfolge der Anfragen und Aufträgen fest?

(5 Nennungen)

A 10 : Sind die Arbeitsabläufe standardisiert?

(2 Nennungen)

A 11 : Angebotserstellung aufgrund ähnlicher Vorgeschäfte einfach

(2 Nennungen)

A 12 : Häufig komplizierte Kundenwünsche?

(2 Nennungen)

A 13 : Innerbetriebliche Informationsweitergabe manchmal zu langsam?

(2 Nennungen)

A 14 : Hauptsächliche innerbetriebliche Informationswege?

(9 Nennungen)

A 15 : Mehrfache Erfassung von Informationen (Kundenname, Kundennummer usw.)?

(2 Nennungen)

A 16 : Übersichtsinformationen über den Arbeitsfortschritt der Aufträge jederzeit möglich?

(2 Nennungen)

A 17 : Gibt es einen zentralen Datenbestand (z.B. Kundendatei, Werkstoffdatei, Preistafel, Kalkulationsdatei), der allen Sachbearbeitern zugänglich ist?

(2 Nennungen)

A 18 : Unnötige Zeitverzögerungen in der Anfragen- und Auftragsbearbeitung durch schlechte Informationsweitergabe zwischen den Abteilungen?

(2 Nennungen)

A 19 : Abteilungsspezifische Auswertung (z.B. Listen, Infos, Statistiken) gewünscht?

(2 Nennungen)

A 20 : Mehrere Kalkulationsverfahren in Anwendung?

(2 Nennungen)

A 21 : Existieren klare Vorstellungen über den Einsatz der Kalkulationsverfahren?

(2 Nennungen)

A 22 : Welche Kalkulationsverfahren werden angewendet?

(3 Nennungen)

A 23 : Bedarf zur Aktualisierung der Kalkulationsdaten?

(2 Nennungen)

A 24 : Installierte EDV-Anlage

(4 Nennungen)

A 25 : Zugriffsregelung

(2 Nennungen)

A 26 : Erwartungen an die neue Informations- und Kommunikationstechnologie

- Entlastung von Routinetätigkeiten	0 1
- mehr Routinetätigkeiten am Bildschirm	0 2
- mehr Überblick über betriebliche Abläufe	0 3
- weitere Spezialisierung der Fachkräfte	0 4
- schnellere Auftragsbearbeitung	0 5
- Auftragsbearbeitungszeit unverändert oder länger	0 6
- bessere Planungsdaten	0 7
- Planungsdaten genauer, aber fehlende Auswertungsmöglichkeiten	0 8
- Reduzierung der Papierflut	0 9
- Anwachsen der Papierflut	1 0
- Verbesserung der innerbetrieblichen Kommunikation	1 1
- mehr Planungs- und Entscheidungsfreiheit für Mitarbeiter	1 2
- häufige Fehler durch Systempannen	1 3
- Mitarbeiter in der Einführungsphase doppelt belastet	1 4
- Standardisierung der Arbeitsabläufe	1 5
- Aufbau eines gemeinsamen, aktuellen Datenbestandes	1 6
- alle Informationen nur einmal erfaßt	1 7
- bessere Terminüberwachung und -einhaltung	1 8
- Leistungsgefühl der Beschäftigten verbessert	1 9
- gleichmäßigerer Arbeitsanfall	2 0

Fragebogen B (für Unternehmen mit Informations- und Kommunikationstechnologie)

B 0 : Branche:..... 0 1

B 1 : Produktionspalette:..... 0 1

B 2 : Fertigungsart:..... 0 1

B 3 : Serienart:..... 0 1

B 4 : Zahl der Mitarbeiter
a) gesamt:..... 0 1
b) Verwaltungsbereich:..... 0 2

B 5 : Position des Befragten im Unternehmen:

B 6 : Eingesetzte technische Hilfsmittel in der Anfrage- und Auftragsbearbeitung
- Telefon 0 1
- Fernkopieren (Telefax) 0 2
- Fernschreiben (Telex) 0 3
- Fernschreiben (Teletex) 0 4
- Bildschirmtext (BTX) 0 5
- Vorgangsbearbeitung nach Dialogprogramm 0 6
- elektronische Textverarbeitung 0 7
- Datenverarbeitung integriert mit Textverarbeitung 0 9
- Lokales Netzwerk mit elektronischer Post 0 9
- Lokales Netzwerk mit grafikfähigem Bildschirm 1 0

B 7 : Durch IuK-Technologie verbundene Abteilungen?
(8 Nennungen)

B 8 : Elektronisch ausgeführte Funktionen?
(8 Nennungen)

B 9 : Art der eingesetzten Software
(4 Nennungen)

B 10 : Vor der Einführung durchgeführte Untersuchungen?
(4 Nennungen)

B 11 : Angewandte Erhebungstechniken?
(7 Nennungen)

B 12 : Wer führt die Untersuchungen durch?
(2 Nennungen)

B 13 : Gesetzte Ziele?
(5 Nennungen)

B 14 : Probleme bei der Einführung?
(6 Nennungen)

B 15 : Größe des Pilotbereichs?
(6 Nennungen)

B 16 : Dauer der Systemimplementierung?
(5 Nennungen)

B 17 : Beteiligter Personenkreis
(7 Nennungen)

B 18 : Mit der Implementierung betrauter Personenkreis?
(2 Nennungen)

B 19 : Gab es organisatorische oder technische Alternativen der Systemgestaltung?
(2 Nennungen)

B 20 : Falls ja, wie wurden diese ausgewählt?

- durch Diskussion mit den späteren Anwendern 01
- Abstimmung mit den späteren Anwendern 02
- durch die Unternehmensleitung bestimmt 03
- funktionswertanalytische oder 04
- nutzwertanalytische Betrachtung 05
- andere Auswahlmöglichkeiten 06

B 21 : Mit Detailfragen betraute Personenkreise

(5 Nennungen)

B 22 : Personalfreisetzung

(5 Nennungen)

B 23 : Veränderungen der Abteilungsleistung nach der Systemimplementierung

(5 Nennungen)

B 24 : Betroffene nach der Implementierung zu ihren Erfahrungen mit dem System befragt?

(2 Nennungen)

B 25 : Falls ja bei Frage 24, wie werden die mit dem System gemachten Erfahrungen bewertet?

- positiv 01
- geteilt 02
- negativ 03

B 26 : Stärken und Schwächen des Systems

- System zu wenig benutzerfreundlich	0 1
- neue Arbeitsinhalte unbefriedigend	0 2
- Kontakte zu Kollegen verschlechtert	0 3
- Bedienungsbücher mangelhaft	0 4
- Durchlaufzeit kürzer	0 5
- mehr Zeit für planerische Aufgaben	0 6
- Übersicht über Informationen schwieriger	0 7
- Papierflut größer	0 8
- verlorene Daten	0 9

B 27 : Kosten-Nutzen-Vergleich durchgeführt?

(2 Nennungen)

B 28 : Wertschätzung gegenüber alten Lösungen (=100%), falls B 27 mit "Nein" beantwortet

(verbal)

B 29 : Vermittelte Qualifikationsinhalte

(5 Nennungen)

B 30 : Zielsetzung der Qualifizierungsmaßnahmen

(4 Nennungen)

Anhang III

Gestaltungsempfehlungen

Kenn-ziffer	Aussage	Gestaltungsempfehlung
M1	Der Zeitgewinn für planerische Aufgaben ist abhängig von der Personalentlassung.	Das durch IuK-Technologie freigesetzte Personal ist für zusätzliche, innovative Aufgaben einzusetzen.
M2	Die Bewertung der Systemerfahrungen ist abhängig davon, ob an der Systemimplementierung ein Mitarbeiter oder mehrere (Gremium) beteiligt waren.	Das abteilungsübergreifende Projektmanagement ist als Organisationsform zur IuK-Implementierung geeignet.
M3	Die Gruppensitzungen zur Erhebungspartizipation sind abhängig von der Bewertung der Systemerfahrungen.	Vor IuK-Implementierung muß eine Schwachstellenerhebung im Anwendungsbereich unter Partizipation der Betroffenen durchgeführt werden.
M4	Der Beratereinsatz in der Systemgestaltung ist abhängig von der Personalentlassung.	Externe Berater sind hinzuzuziehen, insbesondere in den Fällen in denen keine Erfahrungen mit Iuk-Implementierung vorliegen.
M5	Die Verbesserung der Abteilungsleistung nach IuK-Technikeinführung ist abhängig von der Bewertung der Systemerfahrungen.	Die Beurteilung der Leistungsverbesserung muß auf betriebswirtschaftlichen und humanisierungsbezogenen Kenngrößen beruhen.
M6	Die Nutzung des Fähigkeitspotentials der Mitarbeiter als Qualifizierungsziel ist abhängig von der bewertung der Systemerfahrungen.	Die Systemgestaltung ist auf die Aktivierung verborgener Mitarbeiterpotentiale auszurichten.
M7	Die Motivationssteigerung als Qualifizierungsziel ist abhängig von der Bewertung der Systemerfahrungen.	Qualifizierungsmaßnahmen bei der Implementierung der IuK-Technologie erhöhen die Effizienz und Motivation der Mitarbeiter.
M8	Die Erwartungen bezüglich der Planungs- und Entscheidungsfreiheit entsprechen den Erfahrungen.	Der IuK-Technikeinsatz soll zur Erweiterung der Handlungs- und Entscheidungsfreiheit des Einzelnen genutzt werden.
M9	Die Standardisierung der Arbeitsabläufe ist abhängig von den Erwartungen zur Entlastung von Routinetätigkeiten.	Der IuK-Technikeinsatz verlangt eine Anpassung der Ablauforganisation.

Kennziffer	Aussage	Gestaltungsempfehlung
T1	Auftretende Störungen zwischen den Abteilungen sind abhängig von der Aktualisierung der Kalkulationsdaten.	Durch technisch-organisatorische Neugestaltung muß doppelte Datenerfassung vermieden werden.
T2	Der Informationsrückgriff ist abhängig von der Datenbestandsführung.	Das neue IuK-System soll zu einer Aktualisierung der Datenbestände beitragen.
T3	Die bestehende Informationserfassung entspricht der erwarteten Häufigkeit der Informationserfassung.	Die rasche Zugriffsmöglichkeit zu aktuellen Datenbeständen muß für den Sachbearbeiter gegeben sein.
T4	Die Erwartungen hinsichtlich einer Papierflutvergrößerung sind unabhängig von dem Anwachsen der Papierflut.	Es muß eine hohe Systemausfallsicherheit gewährleistet sein, damit die Anwender Vertrauen zur Technik entwickeln.
T5	Die Datenbestandsführung ist abhängig von der zeitlichen Verzögerung.	Es ist nach Angemessenheit zu entscheiden, ob Leistungen der IuK-Technologie besser mit zentralen oder dezentralen Lösungen erbracht werden.
T6	Die Unternehmen mit integrierter IuK-Technologie sind in der Grundgesamtheit bezüglich es Merkmals "Kommunikationsumfang" abhängig von den Unternehmen mit IuK-Technologie.	IuK-Technikkomponenten sind bei ihrer Auswahl auf Vernetzbarkeit zu prüfen.
T7	Die vorgenommene Softwareanpassung ist abhängig von der Hinzuziehung von Fremdberatern.	Die Inanspruchnahme externer Software-Erstellung darf nicht zu einer Dauerabhängigkeit führen.
T8	Die Bewertung durch die Systemnutzer hinsichtlich der Erfahrungen mit dem System ist abhängig von Aussagen zur Bedienerfreundlichkeit.	Die Bedienerfreundlichkeit der IuK-Technologie ist ein wichtiges Kriterium für die Systemauswahl.

Kennziffer	Aussage	Gestaltungsempfehlung
04	Eine Entlastung von Routinetätigkeiten durch Einführung eines rechnergestützten IuK-Systems wird von den meisten Unternehmen erwartet. Größere Planungs- und Entscheidungsfreiheit für den einzelnen Mitarbeiter wird nur von einem kleineren Teil der Unternehmen erwartet. Das Leistungsgefühl der Mitarbeiter zu verbessern ist in den meisten Unternehmen nicht beabsichtigt.	Mit den Rationalisierungszielen Dispositionen zur Wirtschaftlichkeit von Arbeitssystemen sind die Humanisierungsziele der Systemgestaltung zu verbinden.
05	Die Existenz von Doppelarbeit ist abhängig von der Mitwirkung von Beratungsfirmen bei der Systemgestaltung.	Für die Hinzuziehung externer Berater ist eine eingehende Planungsabstimmung vorzunehmen.
06	Eine analytische Bewertung von Gestaltungsalternativen findet bei den Systemanwendern den größten Zuspruch.	Die Realisierung von Gestaltungsvorschlägen erfordert eine Auswahl nach analytischen Methoden.
07	Die Erwartungen hinsichtlich einer Doppelbelastung bei der IuK-Implementierung entsprechen nicht den Erfahrungen.	Die Belastungsspitzen in der Implementierungsphase können u. U. mit externer Unterstützung abgefangen werden.
08	Die Zuordnung der Abteilungen zu einem oder mehreren Vorgesetzten ist abhängig von der Häufigkeit der auftretenden Verzögerungen.	Unnötige Verzögerungen durch Kompetenzüberschneidungen von Vorgesetzten können durch Anwendung von Projektmanagement vermieden werden.
09	Die zu langsam ablaufende innerbetriebliche Informationsweitergabe ist abhängig von der Erwartungshaltung in Bezug auf Verbesserungen der Kommunikation.	Der IuK-Technikeinsatz muß Freiheitsgrade zur Erhaltung der informellen Kommunikationswege beinhalten.

Kenn-ziffer	Aussage	Gestaltungsempfehlung
O10	Die Erwartung einer schnellen Auftragsbearbeitung ist abhängig von den gemachten Erfahrungen.	Vor der IuK-Implementierung muß geprüft werden, ob die Durchlaufzeiten organisatorisch verkürzt werden können.
O11	Die Zuordnung der Abteilungen zu einem oder mehreren Vorgesetzten ist abhängig von der Häufigkeit der Datenerfassung.	Bei der Kompetenzzuweisung gilt es, Arbeitsredundanzen zu vermeiden.
O12	Die Störungen zwischen den einzelnen Abteilungen sind abhängig von der Häufigkeit der Zeitverzögerung in der Anfragen- und Auftragsabwicklung.	In der Ablauforganisation gilt es, den Informationsfluß ohne technische Hilfen zu verbessern.
O13	Die Terminverfolgung durch bereits verfügbare Übersichtsinformationen ist abhängig von der Erwartung zu einer besseren Termineinhaltung und -überwachung.	Die technischen Informationen bedürfen einer Kanalisierung.

FIR-Forschung für die Praxis

Berichte aus dem Forschungsinstitut für Rationalisierung (FIR), Aachen, und dem Lehrstuhl und Institut für Arbeitswissenschaft (IAW) der Rheinisch-Westfälischen Technischen Hochschule Aachen.

Herausgeber: Prof. Dr. Ing. R. Hackstein

1 **Qualitätszirkel und andere Gruppenaktivitäten**
Von F. J. Heeg. ISBN 3-540-15498-1.
1985, 232 Seiten mit 45 Abbildungen und 17 Tabellen 63,- DM

2 **Planung und Auslegung von Palettenlagern**
Von P. Bauer. ISBN 3-540-15499-X.
1985, 148 Seiten mit 42 Abbildungen und 8 Tabellen 63,- DM

3 **Kennzahlen in der Distribution**
Von W. Konen. ISBN 3-540-15624-0.
1985, 150 Seiten mit 9 Abbildungen und 7 Tabellen 63,- DM

4 **Personalbedarf der Arbeitsplanung**
Von P. Bresser. ISBN 3-540-15625-9.
1985, 179 Seiten mit 65 Abbildungen und 6 Tabellen 63,- DM

5 **Analyse und Grobprojektierung von Logistik-Informationssystemen**
Von O. Gast. ISBN 3-540-15626-7.
1985, 187 Seiten mit 68 Abbildungen und 20 Tabellen 63,- DM

6 **Flexibilität in der Fertigung**
Von R. Grob. ISBN 3-540-16159-7.
1986, 158 Seiten mit 25 Abbildungen und 20 Tabellen 68,- DM

7 **Rechnergestützte Planung von Durchlaufregallagern**
Von E.-J. Ribbert. ISBN 3-540-16160-0.
1986, 154 Seiten mit 30 Abbildungen und 7 Tabellen 68,- DM

8 **Wirtschaftliche Arbeitsplanung in der Instandhaltung**
Von W. Jütting. ISBN 3-540-16701-3.
1986, 145 Seiten mit 40 Abbildungen 68,- DM

9 **Planung des Personalbedarfs in indirekten Bereichen**
Von K. Hemmers. ISBN 3-540-16702-1.
1986, 149 Seiten mit 73 Abbildungen 68,- DM

10 **Organisatorische Gestaltung einer zentralen Werkstattsteuerung**
Von M. Strack, ISBN 3-540-17570-9.
1987, 150 Seiten mit 48 Abbildungen 68,- DM

11 **Planzeiten für Konstruktion und Arbeitsplanung**
Von K.-G. Konrad ISBN 3-540-18040-0.
1987, 151 Seiten mit 49 Abbildungen 68,- DM

12 **Integrierte Produktionsplanung**
Von E. Gillessen, ISBN 3-540-18614-X.
1988, 149 Seiten mit 45 Abbildungen 68,- DM

13 **Einführung von Informations- und Kommunikationstechnologie**
Von R. Junker, ISBN 3-540-18845-2
1988, 157 Seiten mit 26 Abbildungen und 42 Tabellen 68,- DM